U0312808

五十到一百健康丛书

饮食安全指南

孙树侠健康忠告

中国食物营养与安全权威

孙树侠 口述

钟健夫 于木子 撰稿

广东省出版集团
·广州·
广东科技出版社

图书在版编目（CIP）数据

饮食安全指南：中国食物营养与安全权威孙树侠健康忠告 / 孙树侠口述；钟健夫，于木子撰稿. —广州：广东科技出版社，2013. 1

（五十到一百健康丛书）

ISBN 978-7-5359-5811-2

Ⅰ.①饮… Ⅱ.①孙…②钟…③于… Ⅲ.①食品安全—指南②饮食卫生—指南 Ⅳ.① TS201.6-62 ②R155-62

中国版本图书馆CIP数据核字（2013）第001224号

饮食安全指南：中国食物营养与安全权威孙树侠健康忠告

Yinshi Anquan Zhinan: Zhongguo Shiwu Yingyang yu Anquan Quanwei Sun Shuxia Jiankang Zhonggao

责任编辑：邓 彦

装帧设计：未名池图文设计有限公司

封面设计：刘 阳 钟健夫

责任校对：吴丽霞

出版发行：广东科技出版社

地　　址：广州市环市东路水荫路11号（邮政编码：510075）

印　　刷：中煤涿州制图印刷厂北京分厂

地　　址：北京市大兴区西红门镇八村村委会北100米（邮政编码：100162）

开　　本：710mm×1000mm　1/16

印　　张：17

字　　数：209千字

版　　次：2013年1月第1版　2013年1月第1次印刷

定　　价：38.00元

　　健康是一口口吃出来的，长寿是一点点攒出来的，美丽是一年年养出来的。

孙树侠语录

○ 健康是一种权利，你不用就作废。

○ 健康是一种信仰，信才能指导行动。

○ 健康是福利，人人都应该享受。

○ 健康是一种觉悟，觉悟才能见效。

○ 健康是一种态度，不同态度有不同回报。

○ 健康是一种素质，素质就有待不断提高。

○ 健康是一种责任，是责任才有担待。

○ 健康是一种资源，凡是资源都要经营管理。

○ 健康是财富，财富就不能浪费。

○ 健康是和谐社会的基础，社会需要健康人去建筑。

○ 健康应与财富同在，事业同在。

○ 健康人生最快乐，健康家庭最幸福，健康国家最富强。

○ 给孩子最好的礼物，就是给他们健康身体。

○教育孩子最大的成功，就是让他养成好的生活习惯。

代序：风险社会中的饮食安全指南

孙树侠，中国最早关注食品安全的专业权威，1942年出生在黑龙江省哈尔滨中医世家，毕业于黑龙江农业大学生物专业，是中国农科院农产品加工研究所、原子能利用研究所研究员。2001年，她创办了中国保健协会食物营养与安全专业委员会，并任会长至今。

孙树侠还被聘为中央机关健康大讲堂讲师团专家、中央文明办卫生部全国"相约健康社区行"巡讲专家，主编《营养保健师》、《营养讲师》等多种培训教材，经常参加中央电视台、北京电视台、天津电视台等食物安全和养生保健节目，出版《推进公众营养改善行动》等科普丛书。

一、26岁得了红斑狼疮，安全养生多活30年

孙树侠喜欢创作格言，比如：健康是一种权利，你不用就作废；健康是福利，人人都应该享受；要想搞好别人的健康管理，就要先把自己健康管理好。然而，孙树侠年轻时就得了一种可怕的疾病——红斑狼疮，她是如何进行自我健康管理的？

红斑狼疮是一种累及身体多个系统、多种器官的可怕疾病，病程迁

延反复，中西医都很难根治，过去存活率只有50%，绝症无疑。孙树侠那年才26岁，新婚不久，她相信自己命不长了，努力争取，能活到40岁就不错了。

学术上有一种说法，怀孕可以缓解病情，理由是2个人的激素供1个人用。孙树侠看到一线生机，她要试试。曾经有人尝试过，怀孕8个月了，一检测，不行，只好打胎。但孙树侠成功了，她生了一个天真可爱的女儿。母亲孕育女儿，女儿为母亲提供激素，真的创下了奇迹。

孙树侠相信，**爱与被爱，都会延长生命。**

生完女儿，孙树侠坚持上班，三年后再生一个儿子，身体快速代谢，加上持续不断地锻炼身体，小心谨慎的养生保健，她终于活过了40岁，实现了自己26岁时的生命规划。40岁了，精力各方面都还不错，这时，孙树侠有了更长远的规划，她要活到50岁。

为了活到50岁，孙树侠快乐地生活，疯狂地工作。工作对她来说是最好的养生。

到了50岁，她又定下了一个人生目标，活到60岁。在60岁之前，孙树侠已经充满信心，有了更大的目标，她要活到70岁。

这时，有一个巨大障碍出现在她面前，因为得了红斑狼疮，她每天必须服用4片有强大副作用的激素——泼尼松片，而且一服就是几十年。这对任何人来说，都是一个重大的安全隐患！健康是一种信仰，信才能指导行动。撤掉服用多年的激素，除了有超人意志，更需要安全可靠的方法。

一般来说，人体会正常分泌激素，当身体外部长期人为地加入激素之后，体内正常的激素分泌功能就会萎缩。如果突然停止服用激素，整个机体运作就会紊乱，轻则加重病症，重则危及生命。孙树侠只能慢慢减少激素药量，终于在60岁前，孙树侠用整整5年的时间，彻底撤掉了服用30年的激素！70岁的孙树侠，到医院检查，各项指标都正常，身体竟然比年轻时还好。

从1981年到北京来，30年过去，孙树侠不仅养好了身体，还完成了一项项科研课题、一个个新领域的探索。她是一个不甘寂寞的人，一个无事找事的人。从上世纪80年代起，她在多种报纸、杂志发表文章、出书，近400万字，仅专著就有11本，还有3本即将出版。

孙树侠有多项科研成果，并申请了8项发明专利，创造了多项第一：

第一个促进并主持起草《国家农业发展纲要》的农产品加工部分；第一个创办营养师产业培训；第一个促进健康管理职业化；第一个在高等教育出版社把营养教材刻成光盘；第一个研究食品风味；第一个在北京把科研成果申报专利并转让而交个人所得税的。

退休以后，孙树侠着重推动营养师的培训。中国现有营养师28万人，孙树侠直接授课的12万多人，所以被业界称为泰斗级人物。近年来，她还写书、开专栏、拍电视，每一项都是高强度的工作，但她仍能应对自如，这与她几十年如一日地重视个体生命，重视自我健康管理密不可分。

二、风险社会中的饮食安全指南

1. 全球风险社会的到来

20世纪90年代初，德国社会学家乌尔里希·贝克与英国社会学家安东尼·吉登斯教授等人一起，提出了有关"风险社会"(risk society)的概念和理论。贝克还专门出版了《风险社会：迈向一种新的现代性》等一系列影响全球的名著。

贝克所说的风险指的是：**完全逃离人类感知能力的放射性、空**

气、水和食物中的毒素和污染物，以及相伴随的短期的和长期的对植物、动物和人的影响。它们引致系统的、常常是不可逆的伤害，而且这些伤害一般是不可见的。这些风险是现代化过程中带来的。

在中国，不断循环利用的"地沟油"，就具有这种风险。讽刺的是，将"地沟油"变成看似正常的食用油，并不需要什么高科技，而人们却没有任何科学的方法鉴定——我们正在食用的是不是"地沟油"。

贝克和吉登斯将这种情况或风险称为："**人为制造出来的不确定性。**"这种风险完全不同于从17世纪开始到20世纪初的风险。作为现代性第一个阶段的工业社会的风险，基本上是一种可以在很大程度上经由风险评估后，为人类所感知的所谓的"不可预知的后果"。

其实，早在20世纪六、七十年代开始，西方就出现了具有重大影响的后现代思潮，其中对科技和人类理性的反思特别值得关注：科技虽然为人类创造了神奇的世界，提高了效率，带来前所未有的便利，但科技并不是万能的，而且有强大的副作用，科技可能毁灭整个地球——全球环境污染就是科技运用的结果；人类的理性是有限的，人类的科技不代表"客观真理"；人类不是认知的主体，更不是这个星球的主体；人类应与自然万物平等地和谐相处。

从某种意义上说，西方后现代思潮中的一些价值理念，是向东方"道法自然"等前现代社会的价值理念回归。

2. "人为制造出来的不确定性"风险特点

贝克认为上述"人为制造出来的不确定性"风险，有下面的特点：

（1）风险造成的灾难不再局限在发生地，而经常产生无法弥补的全球性破坏。因此风险计算中的经济赔偿无法实现。

（2）风险的严重程度超出了预警检测和事后处理的能力。

（3）由于风险发生的时空界限发生了变化，甚至无法确定，所以风险计算无法操作。

（4）灾难性事件产生的结果多样，使得风险计算使用的计算程序、常规标准等无法把握。

显然，高科技生产的众多食品，就具有这种风险。2011年日本福岛核电爆炸事故，及其引发的长期环境和食物污染，在全球电视观众面前最直观地证明了这种风险。

3. "普世性日常生活意识"

为了在全球化的风险社会中进行风险防范，贝克强调：要唤醒一种有可能消除人类、动物和植物之间界限的**"普世性日常生活意识"**。

基于**"普世性日常生活意识"**，贝克为生态问题的社会学分析提出一个概念性框架，即将生态问题当作社会的内界问题，而不是当作环境问题或者外界问题来对待。

这个框架超越社会与自然的二元论开始，取代了"自然"、"生态"和"环境"等作为社会的对立面的重要概念——中国古代天人合一的思想极为相似，只是其中心主题涉及现代文明中的**"人为制造出来的不确定性"**：风险、危险、副作用、可保险性、个体化和全球化。这是一种工业现代性（"自反性现代化"）深层次的制度危机。

因此，风险社会理论将所谓的自然破坏问题，转变为另一个问题，即现代社会是如何处理自己造成的**"人为制造出来的不确定性"**的。[1]

据报道，为了迎接2012年伦敦奥运会，规避食品安全风险，国家体育总局规定，参加奥运会的运动员所用食材，全部采用特殊渠道供应。

---

[1] 本节参考《风险社会》，（德）乌尔里希·贝克著，2003年，译林出版社出版。

为什么？因为中国体育界近年公布的兴奋剂案例中，多数都与误食含有"瘦肉精"的肉类有关。

我们不仅要关心运动员的食品安全问题，更要关心普通百姓日常生活中的食品安全问题。只要老百姓日常生活中没有食品安全问题，运动员就更不会有问题。

毫无疑问，本书的撰写与出版，就是以"普世性日常生活意识"，规避"人为制造出来的不确定性"风险的一种尝试。

当然，在中国的高风险社会中，更可怕是"人为制造出来的确定性"风险，即明知对公众健康有害，为了赚钱谋利，许多人在食品中加入了激素、瘦肉精及各种严重伤害人体健康的化学物质。本书的撰写与出版，就是希望公众能减少或规避这些风险。

钟健夫

2012年12月28日

代序：风险社会中的饮食安全指南

第一章　安全养生多活30年

第三章　家庭副食安全养生指南

第七章　厨房细节安全养生指南

第一章

安全养生多活30年

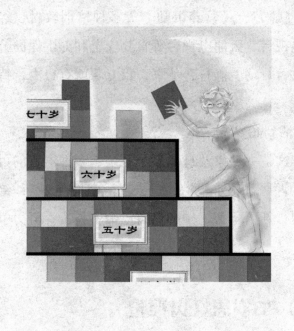

一、计划活到40岁的人

一个曾经计划活到40岁的人，今天她已经70多岁了，她就是中国保健协会食物营养与安全专业委员会会长孙树侠。

1942年，孙树侠生于黑龙江省哈尔滨中医世家，是中国农科院农产品加工研究所、原子能利用研究所研究员。2001年，她创办中国保健协会食物营养与安全专业委员会，并任会长至今。孙树侠还被聘为中央机关健康大讲堂讲师团专家、中央文明办卫生部全国《相约健康社区行》巡讲专家，主编《营养保健师》、《营养讲师》等多种培训教材，经常参加中央电视台、北京电视台、天津电视台等食物安全和养生保健节目，出版《推进公众营养改善行动》等科普丛书，仅专著就有11本，待出版的3本。

为什么孙树侠当年只想活到40岁？

因为她得了红斑狼疮。这是一种累及身体多个系统、多种器官的可怕疾病，病程迁延反复，中西医都很难根治，过去存活率只有50%，绝症无疑。孙树侠那年才26岁，新婚不久，她相信自己命不长了，努力争取，能活到40岁就不错了。

（一）26岁患红斑狼疮

狼疮(Lupus)一词来自拉丁语，在19世纪前后就已出现在西方医学中。但直到19世纪中叶，有一位叫卡森拉夫的医生才正式使用"红斑狼疮"这一医学术语。不过他所说的红斑狼疮，仅指以皮肤损害为主的盘状红斑狼疮而言。人们看到得这种病的人，在面部或其他相关部位反复出现顽固性难治的皮肤损害，有的还在红斑基础上出现萎缩、瘢痕和素色改变等等，使面部变形，严重毁容，看上去就像被狼咬过的一样，故有其名。

今天70多岁的孙树侠，脸上光洁如玉，几乎看不到一丝皱纹，有人说她是婴儿的皮肤，少女的身材，连少女们都啧啧称羡，满头浓密的银发，不掺一丝杂质，非但不显老，反而时尚、漂亮，所以她被人们誉为"漂亮老妈"。

孙树侠为什么会得红斑狼疮？

红斑狼疮是多种免疫反应异常为特征的自身免疫性疾病，其病因病理目前还不太清楚。但孙树侠发病的时间地点是十分确切的。

孙树侠毕业于黑龙江农业大学生物专业。因为一直想当医生，同时又念一个医疗业大，因未实习，为肄业生。1965年大学毕业，孙树侠按接班人身份被分配到黑龙江省牡丹江地委组织部，是分配的。没想到，1966年"文化大革命"，孙树侠不但没当上接班人，还被扣上修正主义苗子、走资派的黑秀才，大加批判。但是形势并没有阻挡她的"革命"热情，1968年，孙树侠在鸡西市同7位局级干部一起，带着1000多名知青去海伦县劳改

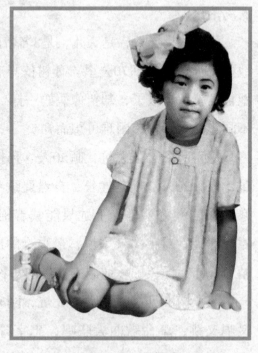

童年时代的孙树侠

孙树侠

孙树侠毕业于黑龙江农业大学生物专业——大学时代

农场落户。

孙树侠是连长，是头儿，是8名带队干部中的唯一女性。他们的农场地处偏远，距总部70公里。孙树侠只有26岁，娇小玲珑，一张娃娃脸，她自己就像个孩子，却要像妈妈一样，独立带领120个14—22岁孩子——不同年龄的知青，困难可想而知。

每间房子一张大炕，睡50人。孙树侠睡的房间，还在门口加了一张炕，多睡20人。她是连长，自然要睡在靠近门边的铺位。正值隆冬，天寒地冻，太冷了，晚上她只能戴着棉帽睡觉，早上起来，帽子上都是霜。然而，对孙树侠来说，最艰难的还不是生活条件，而是要管理一群精力充沛、像孩子一样调皮捣蛋的知青——红卫兵小将。

孩子们没见过睡50人的大炕，刚来第一天，兴奋极了，大家爬上去又唱又跳，革命歌曲大联唱，忠字舞齐欢跳，结果乐极生悲，轰隆一声，大炕被跳塌了。咋办？晚上连个睡觉的地方也没有。孙树侠立即带领大家把炕修好。但孩子们的折腾没完没了，过了几天，他们想吃烤肉，见食堂屋梁挂着一大片猪肉，便点着火把去烧烤，没想到肥肉被点着了，火苗往上蹿，屋顶也烧着了，引起一场大火。孙树侠又带人去救火，待大火被救灭，食堂的半间屋子已经被烧掉。

知青们来自不同地方，有北京的、上海的、鸡西的、哈尔滨的。知青操着不同方言，拉帮结派，一言不合便动起手来，群起而攻之，双方打得头破血流。农场领导出来管，结果场长被打，书记也被打……孙树侠这个26岁的女连长，因为处理知青打群架的事，4天4夜没合眼。有一天，她半夜昏倒在去食堂的路上，炊事员早上起来做饭，发现孙树侠昏睡在地上，立即用马车送她到70里外的总部医院。

孙树侠发着高烧，手和脸起了一些不明原因的红斑，总部医院把她转到鸡西市医院，当天夜里，几所医院进行联合会诊，确定她肾有毛病。由于持续高烧不退，在原市委书记、后任革委会主任的过问下，几所医院再进行第二次会诊。会诊后，孙树侠搬到高干病房，她受宠若惊，猜想：这般待遇，难道是因为当初我是带着大红花任命的下乡干部？

这个猜想很快被否定了。当她从厕所回来，路过医生办公室时，看到主管医生桌上放着一本打开的书，上面用笔画着：红斑狼疮，多为女性，存活率50%……另一张纸上写着：1病房1床。这些字被一个很大的问号包围着。孙树侠看到后几乎昏过去，1床就是自己，我患的是红斑狼疮？

第二天革委会来了一个干部，传达组织决定：批准她到北京、上海、哈尔滨治疗。因为她爱人在北京，她选择北京。于是，在同学陪同下她从哈尔滨转乘特快列车抵北京，到最著名的协和医院诊断，3天后得出结果：肾型系统红斑狼疮。

协和医院住不进去，孙树侠转到北医三院，治疗了4个月。

孙树侠怀疑自己身上有短寿基因，爸爸59岁死于脑溢血，有位哥哥

孙树侠一家四口
（左图）；孙树侠与女
儿（下图）

63岁因职业病离世。她想，自己患的是红斑狼疮，估计也活不了多久，如果能活到40岁就是个奇迹。

（二）安全养生，多活30年

疾病让孙树侠产生强烈的生命安全意识和安全养生意识。

红斑狼疮患者，自身免疫力低下，缺乏正常的内分泌——激素，因此西医大多数是用激素+细胞抑制剂+抗凝+对症的方法治疗，其中激素治疗是最基础和最重要的。晚期重症患者，常常发展为肾功能衰竭尿毒症，大多数有狼疮心、狼疮脑等多脏器衰竭之合并症，属极凶险的病种。

学术上有一种说法，怀孕可以缓解病情，理由是2个人的激素供1个人用。孙树侠看到一线生机，她要试试。曾经有人尝试过，怀孕8个月了，一检测，不行，只好打胎。但孙树侠成功了，她生了一个天真可爱的女儿。母亲孕育女儿，女儿为母亲提供激素，真的创下了奇迹。

当时，孙树侠下放到扶沟县医院工作，县医院的院长、医生、同事给了她最大的关怀和照顾。有一段时间，听说黄鼠狼可以治红斑狼疮，医院就四处打听，找黄鼠狼，找到后，宰杀、清洗、烘干，最后磨成粉末，灌进胶囊里，让孙树侠定期服用。孙树侠热情地投入工作，她从不把自己当成病人。她深信工作就是最好的治病良药，解除了别人的病痛，也给自己带来很大的安慰。

因此，孙树侠相信，爱与被爱，都会延长生命。

生完女儿，孙树侠坚持上班，三年后再生一个儿子，身体快速代谢，加上持续不断地锻炼身体，小心谨慎的养生保健，她终于活过了40岁，实现了自己26岁时的生命规划。40岁了，精力各方面都还不错，这时，孙树侠有了更长远的规划，她要活到50岁。

为了活到50岁，孙树侠快乐地生活，疯狂地工作。工作对她来说是最好的养生。

到了50岁，她又定了下一个人生目标，活到60岁。在60岁之前，孙树侠已经充满信心，有了更大的目标，她要活到70岁。

这时，有一个巨大障碍出现在她面前，因为得了红斑狼疮，她每天必须服用4片有强大副作用的激素——泼尼松片，而且一服就是几十年。这对任何人来说，都是一个重大的安全隐患！

科学研究表明，泼尼松片至少有如下的副作用：

（1）导致向心性肥胖、满月脸、水牛背、多毛、痤疮、高血压、糖尿病、高血脂、低血钾、骨质疏松。

（2）诱发或加重感染或使体内潜在病灶扩散。

（3）诱发或加重胃、十二指肠溃疡。

（4）可引起饮食增加、易激动、失眠，个别人可诱发精神病，偶尔可诱发癫痫。

（5）使眼压升高，诱发青光眼。

孙树侠每天坚持运动

那些患有肾上腺皮质功能亢进、高血压病、动脉粥样硬化的病人，以及心力衰竭、糖尿病、精神病、癫痫、胃十二指肠溃疡、角膜溃疡、肠道疾病的病人，或慢性营养不良者、孕妇、肝功能不全者和手术后病人，应避免使用。

孙树侠患病几十年，曾经每天服4片泼尼松，已经对身体造成严重伤害。表面上看，服激素之后，她的两颊发胀，鼓得圆嘟嘟的，这就是所谓的"满月脸"，如果激素稍减，她的脸又瘦下去，回复俏丽。而在身体内部，因长期服用激素，流失了大量的钙，导致骨质疏松……总之，要想活到70岁，孙树侠60岁前就必须把激素撤掉。她暗下决心，要把生命中重大的安全隐患排除掉。

一般来说，人体会正常分泌激素，当身体外部长期人为地加入激素之后，体内正常的激素分泌功能就会萎缩。如果突然停止服用激素，整个机体运作就会紊乱，轻则加重病症，重则危及生命。

孙树侠只能慢慢减少激素药量，先由每天4片，减为3.5片。过了一段时间，再减为每天3片。与此同时，她加强锻炼和养生保健，尽量让身体原有的激素分泌功能恢复起来。之后，又从每天3片减至每天2.5片，再由2.5片减为2片……最后是每天半片，两天半片，三天半片……终于在60岁前，孙树侠用整整5年的时间，彻底撤掉了服用30年的激素！

60岁到了，30年的激素撤了，孙树侠身体越来越健康。70岁的孙树侠，到医院检查，各项指标都正常，身体竟然比年轻时还好。

从1981年到北京来，30年过去，孙树侠不仅养好了身体，还完成了一项项科研课题、一个个新领域的探索。她是一个不甘寂寞的人，一个无事找事的人。从上世纪80年代起，她在各报纸杂志发表文章、出书，近400万字，仅专著就有11本，还有3本即将出版。

孙树侠有多项科研成果，并申请了8项发明专利，创造了多项第一：

第一个促进并主持起草《国家农业发展纲要》的农产品加工部分；

第一个创办营养师产业培训；

第一个促进健康管理职业化；

第一个在高等教育出版社把营养教材刻成光盘；

第一个研究食品风味；

第一个在北京把科研成果申报专利并转让而交个人所得税的。

退休以后，孙树侠着重推动营养师的培训。中国现有营养师28万人，孙树侠直接授课的有12万多人，所以被业界称为泰斗级人物。总之，疯狂的工作，常使她忘记了年龄，忘记了挫折，忘记了不幸，有时甚至忘记了自己有病。近年来，她还写书、开专栏、拍电视，每一项都是高强度的工作，但她仍能应对自如，这与她几十年如一日地重视个体生命，重视自我健康管理密不可分。

孙树侠说："我现在已经进入谜一般的人生，对我们这些不算太老的老人，要向更老的路走下去，一路上'有险'是肯定的，但只要抱着'无限风光在险峰'的好奇心，一直往前走，从现在起，培养自己在'更老'阶段的各种适应性，要趁着言语、逻辑和各种控制能力还完全无损的情况下，为'更老'做好准备，唯有这样，方能应对变化和无憾而终。"

二、生命在于运动

（一）让身体在舒适的状态下运动

漂亮老太太孙树侠说，自己活到70岁，身体越来越好，皮肤皱纹很少的原因，与热爱运动有关。她认为，生命在于运动，运动可以排掉身体和精神上的毒素，但运动应在舒服的状态下进行。

我们很难想象，今天70岁的营养大师，年轻时竟然是一名优秀的运动员。孙树侠曾获黑龙江省跳伞第二名以及国家射击三级运动员资格，跳远三级运动员资格……正是这些经历，让她的身体素质一直不错。即使后来患病转到北京，在中国农科院工作，她仍然能在单位系统组织的每届运动会上拔得头筹，让之前对她的小身板儿不屑一顾的人大跌眼镜。

1986年，45岁的孙树侠被安排在中国农科院的原子能所工作。因为初来乍到，大家还比较陌生，恰逢所里开运动会，组织者问她想报什么项目，孙树侠说，什么项目报的人少，我就报什么——如果只有两个人比赛，她至少能拿亚军了。结果她报的是"3000米竞走"，只有8个人参加这个项目。

　　孙树侠过去没练过竞走，但之前的运动基础，让她很有运动员范儿，只是随便练练，一上场就有专业竞走的架势，左右跨扭得很到位。当然，其他的7个人估计之前也没有走过——难道也因为人少参加而容易拿名次？她们见孙树侠这么扭，也跟着这么扭，结果谁也没想到，身材娇小的孙树侠，最后居然得了3000米竞走的第一名。

　　每次说到这里，老太太的言语被兴奋的气息笼罩着，仿佛又看到了当年运动场上的自己。

　　不久，农科院举办全院第一次运动会，孙树侠信心十足，报了3000米长跑——这回不是竞走。没想到还没跑，所长就当面泼了一盆冷水："瞧

孙树侠参加3000米长跑比赛，获第二名

你那个林黛玉样儿，还跑3000米呢，到时候可别让我上跑道去抬你！"

　　面对冷言，孙树侠只是微微一笑，心想："我是运动员出身我怕谁？"

　　孙树侠当然不会死拼体力、傻跑，她做什么都讲技巧，知道在运动中怎样调节自己的身体，让身体处在最佳状态。

比赛那天，好多人都穿着钉鞋，孙树侠没穿。长跑穿钉鞋会严重影响速度，这是常识，那群人中只有孙树侠知道。起跑的哨声响了，所有人都像离弦的箭一样冲出去，而孙树侠不紧不慢，排在倒数第一，还跑得很从容。孙树侠心里早算过了，跑道一圈是400米，3000米一共要跑7圈半，要是在前一圈就把力气都用完，最后肯定倒在跑道上被人抬走。

所以孙树侠一开始便匀速。而那些开始就拼尽全力的人，一定是不懂呼吸之道的人。在运动中，呼吸是很重要的，尤其是在长跑的时候，很容易口干舌燥、喉咙冒烟。孙树侠长跑，一开始就把呼吸调整好，始终保持四步一吸气，结果她的喉咙到最后都是湿润的。一般人在跑到200米和400米的时候，有一个假疲劳期，如果这时放弃，就是被假象迷惑了，因为800米以后，人的机体和步伐就会变得比较稳定，处于一直稳定运转的状态，像一个机器人一样。

因为掌握这些小秘诀，那次3000米长跑孙树侠拿了个第二名。孙树侠说："第一名是奋力拼搏出来的，我这个第二名却是轻轻松松获得的。"

孙树侠时刻保持安全养生的意识，她说："我觉得人生不管在什么时候，都不能活得太累，要让自己的身体处于一个舒服的状态，如果拼尽全力去争去抢，不仅会让神经紧绷，心理负担加重，也会对机体造成一定的伤害。"

正是因为孙树侠的存在，原子能所最后取得了运动会总分第一名的好成绩，所长不得不对孙树侠身上那绵绵不绝的能量赞叹不已。

孙树侠说："我现在70岁，还能拥有这样健康的身体、充沛的精力，和年轻时的运动是分不开的。运动不仅可以强健我们的骨骼，加速我们的新陈代谢，还可以排掉身体和精神上的毒，让身心更健康。"[1]

1　本节参考《自我药疗》杂志苏笪的文章《孙树侠，漂亮老太太的个性养生经》。

71岁玩跳伞

孙树侠60岁在泰国旅游时，曾跳过伞。2012年10月，71岁的孙树侠到印度尼西亚的巴厘岛旅游期间，竟然跑到沙滩上玩跳伞。

跳伞每人25美元，包含了保险金。但保险范围是60岁以下的人。所以店家一问孙树侠的年龄，就不让她跳。

她坚持着，有万夫莫挡之势，强调自己年轻时是跳伞运动员。店家执拗不过，要她签一份责任书，上面表明：跳伞是自己选择，如果有任何事故，后果自负。

她飞快地在责任书上画押签名。就这样，她争取到跳伞机会。

店家叮嘱："小心，你体重不够，降落时一只手不够力的，要用双手，双手可能也不够，得用整个人的重量——身体倒向一侧才奏效，否则会降落到海里。"

71岁的她，穿上泳装，再套上救生背心，在快船的拖曳下跑着升空。她一辈子都喜爱冒险，这一瞬间，她仿佛重回青春年代，心没老，体能也没有很大的变化嘛。

降落了，她握稳手中绳索，控制着降落速度，全身倒向一侧，最后画了一个优美的弧线，降落到沙滩边缘。好险！

沙滩上的人围拢过来，为这位有着一头漂亮卷曲白发、英姿勃勃的女前辈拼命鼓掌。

（二）50—65岁的健身法则

美国石溪大学发表的最新研究显示，人生最幸福的时刻始于50岁。人到了50岁，开始平心静气，开始收敛人生的各种触须，不再被人和工作撵着往前跑，变得从容。

孙树侠等公交车的时间都用来
锻炼，踮脚尖有助于心脏的保健

从50岁开始，孙树侠开始调整自己的运动方式，由原来较为剧烈的运动，改成比较舒缓的、适合自己年龄的运动。

她说："我从50岁开始，每天早上去舞木兰剑、太极剑或打木兰拳、太极拳，通常是6点半开始到7点10分左右结束，然后等车去上班。"

等车时的孙树侠也不安分，不是找个可以搭腿的地方压压腿，便是就地做踮脚动作。

孙树侠说："我每天都要做60个蹲起的动作。人老腿先老，所以腿部的锻炼对于身体正处于衰退状态的人来说尤为重要。"

周一至周五，孙树侠每天早上运动40分钟左右，从6点半到7点10分。到了周末，她的锻炼时间便会从早上的6点半一直延续到8点半，整整两个小时的运动时间，令年轻人都望尘莫及。

1. "垂死挣扎" 更长寿

孙树侠特别享受早起出去锻炼的时光。有一天她锻炼结束，精神抖擞地回家，一进门外孙就跑过来对她说："姥姥，你到哪去垂死挣扎去了？"

当时外孙还很小，发音还不是很清晰，更别提说成语了，孙树侠一

"垂死挣扎更长寿"

孙树侠的丈夫刘源甫，高
大帅气，可惜已经走了

听他的话就乐了，问："谁说我去垂死挣扎去了？"

"姥爷说的！"外孙用小手一指孙树侠的老伴儿。她既可气又好笑地看着他："哼，这老头儿，竟然把锻炼说成是垂死挣扎！"

之后，孙树侠仍然坚持每天早晨锻炼，垂死挣扎总比垂死不动好吧？只是在她坚持锻炼的时候，一件意想不到的事情发生了，平时不太爱动的老伴儿，在她60岁的时候突然离开了人世，令她揪心不已，她说："早知这样，我就算是使尽各种方法也要拖着他一起锻炼。"

老伴儿去世后，孙树侠一度心情非常低落，头发一下子全白了，做什么事都缺少精神头儿，周一至周五也没有心思去锻炼了，但周末她还是会坚持去锻炼身体。她还是会坚持去舞木兰剑和打太极拳，和之前的老伙伴们一起锻炼两次。

她说："有人说时间可忘记一切。运动与时间的作用是一样的，它可以让你在一个一个动作中，忘记心底的忧伤。"

通过运动，孙树侠以最快的速度恢复到了之前的状态，运动对于她来说，就像是一束纵向的光亮，一直照耀着她前行的人生！

2. 数字养生法避开魔鬼时间

孙树侠说："我强调个性化健康管理，从来不套用别人的养生方法，而是要发明适合自己的养生保健法。"

那么，孙树侠的个性养生法是什么？

她回答："我最独家的养生方法，莫过于我的数字养生法了。"

数字养生法？这可是个新鲜的说法！

她解释说："人从65岁开始，就有一个魔鬼时间，那就是早上的5点至10点。在这个魔鬼时间段里，老人最好在家老实待着，别出去锻炼身体。因为很多老人都是在这个魔鬼时间出事的。因此，从65岁之后，我每天早上的运动场所变了，从屋外变成了屋内。"[1]

（三）孙式"床上保健操"

孙树侠每天早上6点醒来后，喝一杯水，再上厕所，然后在床上做一个半小时的床上运动。她先做抻筋操，具体步骤如下：

①躺着将两脚并拢，往上身的方向抬起100次，如图所示。

②将左右脚底板相对，往上身的方向掰100次，如图所示。

③将双腿改成盘着的姿态，往上身方向掰100次，如图所示。

④双腿并拢，双手抱膝朝鼻子的方面尽量靠拢，100次，如图所示。

⑤一条腿伸直，另外一条腿搭在上面，往上身掰100次，接着换腿再做，如图所示。

"俗话说，筋长一寸，寿长十年，人老了就容易萎缩，就算不图筋长一

1　本节参考《自我药疗》杂志苏笪的文章《孙树侠，漂亮老太太的个性养生经》。

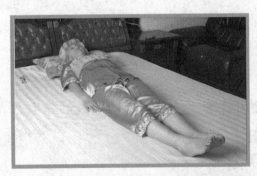

①每天抻筋，躺着将两脚并拢，往上身的方向抬起100次

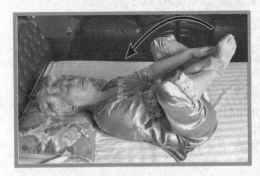

②将左右脚底板相对，往上身的方向掰100次

③双腿改成盘着的姿态，往上身方向掰100次

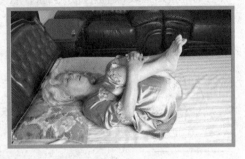

④双腿并拢，双手抱膝朝鼻子的方面尽量靠拢，100次

⑤一条腿伸直，另外一条腿搭在上面，往上身瓣100次，接着换腿再做

寸，也至少可以让它不往回抽吧。"孙树侠兴致勃勃地示范着说。

做完了抻筋运动，老太太开始做拍揉操了，具体步骤如下：

①用手掌正中的劳宫穴拍足底的涌泉穴100下，如图所示。

②敲腿部两侧的胆经100下，如图所示。

③揉肚子，先将左手盖在右手上，沿肚脐眼儿的周围顺时针揉100

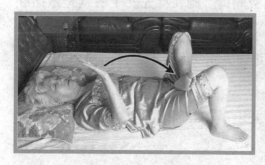

①用手掌正中的劳宫穴拍足底的涌泉穴100下

②敲腿部两侧的胆经100下

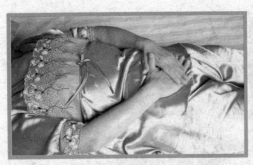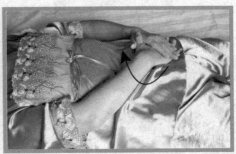

下，然后逆时针揉100下，紧接着再顺时针揉100下，如图所示。

孙树侠说："揉肚子可以治疗便秘，我年轻时存在便秘的问题，自从40多岁开始揉肚子后，我就和便秘说bye-bye了，所以我们早上起来一定要揉肚子。对于那些特别是容易便秘的老年人，我建议多揉肚子。"

原以为在肚子上左右揉300下，肚子上的养生工作就完成了，没想到老太太不肯罢休，还要在肚子上大费周折。她在揉完肚子后就是做抓肚子的动作了：

①将手搭在肚子上，在肚脐眼儿到关元穴的区域，横向抓100下，如图所示。

②把两手的小拇指搭在肚脐眼儿上，在肚脐眼儿上方的区域再横向抓100下。

③开始抓两边的腰，每边100下，如图所示。

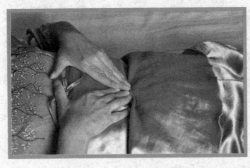

①将手搭在肚子上，在肚脐眼儿到关元穴的区域，横向抓100下

②把两手的小拇指搭在肚脐眼儿上，在肚脐眼儿上方的区域再横向抓100下

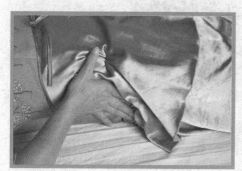

③接着开始抓两边的腰，每边100下

最后再拍肚子100下。

孙树侠特别提示："抓肚子的时候一定要用力，正常的感觉应该是——抓完火辣辣的，这个感觉就代表脂肪正在燃烧！"

难道说这样做能减肥？我们忍不住特意朝老太太的腰腹部看了看，发现她果然还维持着非常苗条的身材，那条灰色的长裙子穿在她的身上曲线玲珑，很有少女的风范。

正当我们心中无限感叹之时，老太太却突然将身体往前倾了倾，兴奋而又神秘地说："我明年打算去拍一套写真，别的老太太身上的肉都松弛了，可是我现在腰腹部却抓出了三块竖着的肌肉，我要去拍写真，把它们都展示出来，让人们看看跨世纪老太太的风采……"

这可真是个神奇可爱的漂亮老太太！我们忍不住起身再次热烈地

拥抱她，既为她独特的数字养生法，也为她永远都热爱生活的姿态，当然，也为我们每个人心中那永垂不朽的养生梦想。[1]

在编写本书的过程中，我们发现孙树侠的"床上保健操"还有许多动作，起床后还要做哑铃操，由于篇幅所限，暂不介绍，或许可以在《饮食安全指南2》中介绍。

三、创建"中国食物营养与安全专业委员会"

（一）蒙牛"毒奶"与国家"农业发展纲要"

2000年，是孙树侠人生中极为重要的一年。

对2011年后见证了蒙牛"毒牛奶"事件的中国人来说，2000年更不应该忘记——这一年，经过孙树侠和中国农业科学院多年的努力，终于将有关"农产品营养与安全"的内容，第一次正式写进了国家"农业发展纲要"和"十五"计划中。

这一结果来之不易，他们的努力和建议像一部历史穿越剧，经过中国四届政府，直至温家宝这届，才铁板钉钉地写入国家权威文本。

专家学者们当年被分在14个小组讨论，孙树侠是其中一个小组的副组长，组长是中国农业科学院的院长。而大组的组长是温家宝，副组长是邓楠。他们写入国家"农业发展纲要"的基本观点是，农产品的"营养"与"安全"不能分离，必须从"田间"到"餐桌"，进行全程控

1　本节参考《自我药疗》杂志苏笪的文章《孙树侠，漂亮老太太的个性养生经》。

制，为此，他们提出要引进ISO9000族系质量认证体系。

从"田间"到"餐桌"的危害分析的临界控制点（HACCP）全程质量认证的重要性，可以从2000年以来无数食品安全事故中得到证明，其中2011年末的蒙牛"毒牛奶"事件就是典型事件之一。

身为中国乳品行业的龙头企业，蒙牛之前也曾暴露出产品质量缺陷，究竟靠什么样的质量管理才能保障消费者的安全？

孙树侠11年前就做了明确的回答：必须从"田间（牧场）"到"餐桌"进行全程质量管理。因为源头没管好，才导致过去的"三鹿奶粉"事件。

从近五年来两会网友关注热点流变来看，食品安全问题重要性，已经排在民意测验中的第9位，其中2009年排在第2位。而在2000年编写全国"农业发展纲要"时，排在第14位，重要性倒数第一。

年度 排名	2012	2011	2010	2009	2008
1	社会保障	社会保障	养老保险	反腐倡廉	就业
2	收入分配	司法公正	依法拆迁	食品、药品安全	物价上涨
3	社会管理	反腐倡廉	反腐倡廉	医疗改革	医改方案
4	教育公平	个人收入	调控房价	收入分配	收入分配
5	三农	房价调控	贫富差距	就业	社保养老
6	医疗改革	医疗改革	就业	住房	劳动者权益保护
7	反腐倡廉	物价调控	医疗改革	教育公平	反腐倡廉
8	物价	环境污染	司法公正	社会保险	教育公平
9	食品安全	食品安全	教育公平	司法公正	司法公正
10	房价调控	教育改革	民生监督	依法行政	住房保障

（资料来源：人民网《从关键词看五年来两会网友关注热点的流变》，网址：http://yuqing.people.com.cn/GB/17276688.html）

（二）创建"中国食物营养与安全专业委员会"

1. 要分清食物与食品的区别

俗话说：天桥把式光说不练。

自从有关"农产品营养与安全"的内容写进了国家"农业发展纲要"和"十五"计划之后，孙树侠不愿光说不做，他们想成立一个专门机构，真正做起来。

他们开始筹划，想借2008年中国主办奥运会之机，成立"奥运食物营养与安全协会"。可是一打听，这个协会不能搞，"奥运"是专用标志，凡是用"奥运"名义做的事，必须经国际奥委会批准。孙树侠只能另谋他路。

2001年，中国食物营养与安全专业委员会成立了，隶属于中国保健协会，这是有关企业和科技专家，为振兴中国现代食物与营养产业，确保食物安全而成立的专业委员会。

为什么叫"食物营养与安全"？而不是"食品营养与安全"？

因为"食物"与"食品"是两个不同概念。可以这么说，蒙牛所以生产出含黄曲霉毒素的"毒牛奶"，首先是给奶牛吃的"食物"——饲料出问题，然后才是给人吃的"食品"——牛奶出问题。弄清了食物与食品两个概念，才有可能保证我们的食品安全。

通俗来说，供人类或动物食用的物质称为食物。而食品，主要是指工业化生产的可食用的产品。显然，食物的概念大过食品，食物包括食品。

在远古时代，人类的食物，主要是野生的动植物。即便到了今天，在农业没有实现现代化的发展中国家，大量粗放养殖的动植物，只能说是食物，还不是严格意义上的食品——工业化生产的可食用产品。因此，今天大量专门为奶牛、家禽、猪、羊等种植的饲料，如玉米、大豆等农产品的质量好坏，直接影响到牛奶、猪肉、鸡肉等公共食品的营养与安全。

因此，食品的营养与安全，不仅是公共卫生部门、公共农业部门必须管理的重要事务，社会组织、媒体和公众，也应积极介入，进行综合治理。

2. 外国专家惊问：牛奶为什么要加水

为了学习国外的先进经验，2004年孙树侠应欧盟北欧办公室的邀请，到丹麦、挪威、瑞典、芬兰考察学习。孙树侠不仅考察了北欧的奶、肉等加工厂，还参观了猪、牛、鸡等养殖场，甚至到现代化的田间地头参观学习。

有一件事令孙树侠感到非常尴尬和沉痛。中国的牛奶加工普遍存在加水的现象，为了增加蛋白质含量，开始人为地添加牛尿，后来干脆添加有毒物质"三聚氰胺"，让质检人员防不胜防。因此，有一天孙树侠到一家非常有名的牛奶厂参观时，她问人家：

"你们这里的牛奶要是加水的话，怎么能测出来？"

人家一愣，反问她："牛奶为什么要加水？"

孙树侠顿时一句话都说不出来。她说，这就是差距。在人家的体制下，牛奶不仅不加水，而且只要一个厂家任何一瓶牛奶检出质量问题，就一辈子没有翻身的机会，再也不能从事牛奶生产。

"人家的奶，从牧场里运回来，经过消毒之后直接就包装出厂。"孙树侠不无感慨地说，"喝人家一口奶，那叫一个香，喝我们的奶就是不一样。"

除了生产过程，奶牛的饲料质量也是导致我国牛奶品质不好的重要原因之一，蒙牛"毒牛奶"就是一例。而电视上牛奶广告里看到的风吹草低见牛羊，在现实的奶业生产中是很少存在的。

饮食安全指南

牛奶加水成了常态，更可怕的是加尿、加三聚氰胺

（三）现代化与中国风险社会的到来

早在周恩来当总理的时候，就提出中国要实现农业现代化，但直至今天也没有实现。1978年，中国改革开放从农村开始，从安徽小岗村农民按手印带头搞了土地"承包"（大包干）开始，至今已经过了32个年头，中国农业仍然没有实现现代化。

而在欧美发达国家，不仅早就实现包括农业的全方位的现代化，而且开始了再现代化或第二次现代化，并且通过对第一次现代化的反思和批判，出现了许多思想成果，如生态现代化和风险社会等第二次现代化理论，就是西方社会对第一次现代化深刻反思的成果。

在中国农村许多地区，虽然还没有实现第一次现代化——工业化、城市化等，但在迈向现代化的过程中，已经出现了大量的生态和安全问题。

在中国城市及周边地区，超速实现或初步实现了第一次现代化，跑步进入风险社会。但是，我们对工业化、城市化带来的环境污染及众多社会风险，没有真正进行过深刻反思，更没有做好规避和防范风险的准备。

德国社会学家乌尔里希·贝克的名著《世界风险社会》

中国经济长期高速发展，让我们比西方更快速地进入风险社会，而风险防范手段的缺乏，风险防范制度的严重滞后，使中国社会面临的危机和风险，远远高于西方国家。

从2000年至今的12年时间里，公众对食品安全问题的持续关注，说明我们确实生活在风险社会里。

因此，这里有必要简单介绍一下风险社会理论。

1. 全球风险社会的到来

20世纪90年代初，德国社会学家乌尔里希·贝克与英国社会学家安东尼·吉登斯教授等人一起，提出了有关"风险社会"(risk society)的概念和理论。贝克还专门出版了《风险社会：迈向一种新的现代性》等一系列影响全球的名著。

贝克所说的风险指的是：

德国社会学家乌尔里希·贝克在北京大学演讲

完全逃离人类感知能力的放射性、空气、水和食物中的毒素和污染物，以及相伴随的短期的和长期的对植物、动物和人的影响。它们引致系统的、常常是不可逆的伤害，而且这些伤害一般是不可见的。这些风险是现代化过程中带来的。

在中国，不断循环利用的"地沟油"，就具有这种风险。讽刺的是，将"地沟油"变成看似正常的食用油，并不需要什么高科技，而人们却没有任何科学的方法鉴定——我们正在食用的是不是"地沟油"。尽管有关部门向全社会公开收集鉴别"地沟油"方法，但一直没有找到真正有效的"科学方法"。

贝克和吉登斯将这种情况或风险，称为："**人为制造出来的不确定性。**"这种风险完全不同于从17世纪开始到20世纪初的风险。作为现代性第一个阶段的工业社会的风险，基本上是一种可以在很大程度上经由风险评估后，为人类所感知的所谓的"不可预知的后果"。

其实，早在20世纪六十年代开始，西方就出现了具有重大影响的后现代思潮，其中对科技和人类理性的反思特别值得关注：科技虽然为人类创造了神奇的世界，提高了效率，带来前所未有的便利，但科技并不是万能的，而且有强大的副作用，科技可能毁灭整个地球——全球环境污染就是科技运用的结果；人类的理性是有限的，人类的科技不代表"客观真理"；人类不是认知的主体，更不是这个星球的主体；人类应与自然万物平等地和谐相处。

从某种意义上说，西方后现代思潮中的一些价值理念，是向东方"道法自然"等前现代社会的价值理念回归。

2. "人为制造出来的不确定性"风险特点

贝克认为"人为制造出来的不确定性"风险，有下面的特点：

（1）风险造成的灾难不再局限在发生地，而经常产生无法弥补的全球性破坏。因此风险计算中的经济赔偿无法实现；

（2）风险的严重程度超出了预警检测和事后处理的能力；

（3）由于风险出现的时空界限发生了变化，甚至无法确定，所以风险计算无法操作；

（4）灾难性事件产生的结果多样，使得风险计算使用的计算程序、常规标准等无法把握。

而日本福岛核电爆炸事故，及其引发的长期环境和食物污染，在全球电视观众面前最直观地证明了这种风险。

3．"普世性日常生活意识"

为了在全球化的风险社会中进行风险防范，贝克强调：要唤醒一种有可能消除人类、动物和植物之间界限的**"普世性日常生活意识"**。

基于**"普世性日常生活意识"**，贝克为生态问题的社会学分析提出一个概念性框架，即将生态问题当作社会的内界问题，而不是当作环境问题或者外界问题来对待。

这个框架超越社会与自然的二元论开始，取代了"自然"、"生态"和"环境"等作为社会的对立面的重要概念——这与中国古代天人合一的思想极为相似，只是其中心主题涉及现代文明中的**"人为制造出来的不确定性"**：风险、危险、副作用、可保险性、个体化和全球化。这是一种工业现代性（"自反性现代化"）深层次的制度危机。

因此，风险社会理论将所谓的自然破坏问题，转变为另一个问题，即现代社会是如何处理自己造成的**"人为制造出来的不确定性"**的。[1]

据报道，为了迎接2012年伦敦奥运会，规避食品安全风险，国家体育总局规定，参加奥运会的运动员所用食材，全部采用特殊渠道供应。为什么？因为中国体育界近年公布的兴奋剂案例中，多数都与误食含有"瘦肉精"的肉类有关。

比如，北京奥运会女子柔道冠军佟文在2009年世锦赛后，被检测出"克伦特罗阳性"，受到国际柔联两年禁赛的处罚。佟文太冤了，只好聘请专业律师团队在体育仲裁法庭上进行申诉，才得以恢复清白。佟文

1　本节参考《风险社会》，（德）乌尔里希·贝克著，2003年，译林出版社出版。

　　风险——指的是完全逃离人类感知能力的放射性、空气、水和食物中的毒素和污染物，以及相伴随的短期的和长期的对植物、动物和人的影响

和教练吴卫凤均认为，问题根源在于"食用了不合格的猪肉"。[1]

为了伦敦奥运会，为了防止误服，运动员不允许在外吃猪肉和牛羊肉。国家体育总局开通了"绿色通道"，从专门供应商处认购肉类、蔬菜、食用油等为运动员提供不含"瘦肉精"食品。

这条新闻引发众多的评论，2012年2月28日，人民网特别转发陈国琴的文章《运动员"特供食材"尴尬了谁?》，指出：

> 民以食为天，食以安为先。着力为广大公众营造安全放心的食品消费环境，是各级政府义不容辞的责任，尤其是对于相关监管部门来说，更是必须认真履行的使命。然而，令公众深感痛心的是，这些年来，胶面条、皮革奶、镉大米、瘦肉精、三鹿奶、甲醇酒、人造蛋、纸腐竹、地沟油、毒豆芽等各类食品安全事故的发生，总能一次次突破公众的想象力。

所以，我们不仅要关心运动员的食品安全，更要关心普通百姓日常生活中的食品安全问题。只要老百姓日常生活中没有食品安全问题，运动员就更不会有问题。

毫无疑问，本书的撰写与出版，就是以"普世性日常生活意识"，规避"人为制造出来的不确定性"风险的一种尝试。

当然，在中国的高风险社会中，更可怕的是"人为制造出来的确定性"风险，即明知对公众健康有害，为了赚钱谋利，许多人在食品中加入了激素、瘦肉精及各种严重伤害人体健康的化学物质。本书的撰写与出版，就是希望公众能减少或规避这些风险。

1　摘自《中国青年报》《食品安全威胁运动员国家队严防含"药"食物》，2012年2月27日。

专栏 中国食物营养与安全专业委员会简介

中国食物营养与安全专业委员会（简称食安委）成立于2001年，隶属于中国保健协会，是有关企业和科技专家为振兴中国现代食物与营养产业、确保食物安全而成立的专业委员会。食安委汇集了食品、农业、卫生、质检

中国保健协会食物营养与安全专业委员会

等领域中知名企业和著名专家教授，同国内外相关团体建立了广泛的联系，并与新闻媒体有着良好的合作关系。

一、宗 旨

遵守国家法律法规和中国保健协会章程，认真贯彻党和国家有关方针政策，发挥诚信务实、开拓进取精神，积极联系有关政府部门，团结企业家、专家和社会力量，开发和推广高新技术，加强国际交流与合作，为促进食物与营养发展、确保食品安全作出贡献；实行自强、自律、自管和自养，开展服务工作；做好人员培训与科普宣传，提高会员综合素质，维护会员合法权益，为建设我国现代农业、食品工业和营养

饮
食
安
全
指
南

产业而奋斗。

二、主要工作任务

参与制定有关法规条例和行业标准，针对会员和有关企业需求，提供对口技术咨询与论证评估；配合政府和上级部门有关计划的实施，组

织多种形式的经济技术交流和学术交流，进行技术鉴定、产品检测、标准制定等项咨询；开展信誉企业活动，规范市场行为；维护企业和消费者权益，为企业的生产和经营提供服务；加强国际交流，引进实用技术与管理经验；开拓国内外食品、农产品加工及保健食品市场，组织新产品的宣传和推广名特新产品；开展专业人

孙树侠与本书撰稿人钟健夫

员培训；承担政府主管部门赋予协会的工作任务和职能。

协会成立以来，最大的成果是培养了12万—13万名营养师、健康管理师、健康教育指导师。

会　长：孙树侠（中国农科院学术委员会委员，中国农科院农产品加工研究所研究员）

副会长：吴秀林　张金诚　魏　跃　陈玉和

秘书长：唐　棠

副秘书长：龙建雄　王宏明　张　安　张德权　王　芃

办公室主任：孙　莉　外联部主任：解丽媛

信息部主任：苟　东　宣传部主任：刘国章

第二章

家庭主食安全养生指南

一、主食主食，健康柱石

（一）营养，从每天1斤米开始

有上海媒体报道，某高级妇产医院的病房里，大量准妈妈为了让胎儿获得足够的营养，除天天要吃蛋白粉之类的营养品外，每隔几天还要吃一次龙虾。为了让肚子能装下更多的补品，她们少吃主食，甚至不吃主食，结果检查时发现蛋白质超标。孕妇蛋白质超标，不但增加了罹患妊娠性糖尿病、妊娠性高血压的风险，还有生产"肥大儿"的危险，也可能因此发生分娩困难。

孕妇要吃主食，平常人就可以不吃主食了么？

孙树侠告诉我们：绝不！

我们古人讲"五谷为养"，说的就是谷物类食物的重要性，也就是我们今天说的主食。主食之所以叫"主"食，是因为谷物对人体健康有非常重要的作用，是人体营养的基石、主心骨。

根据《中国居民膳食指南》的建议，从事低强度体力劳动的成年人，每天谷物摄入量应该在250—400克。什么是低强度体力劳动者？如今，除了一些产业工人、农民以外，大多数人都是"低强度体力劳动者"，或者说是"脑力劳动者"，也叫"白领"。中老年人就更是。250—400克谷物，换算成米饭大概是每天550—880克，也就是每人每天至少得吃1斤米。对照这个量，你吃够了么？相信大多数人会说不够。

确实，现在大家生活都好了，鱼呀肉呀禽蛋呀蔬菜呀，餐桌上的花样数不过来，很少有人还会再把主食真的当主要的食物。特别是在饭馆里吃饭，都是先来一桌子菜，最后再一人上一小碗米饭面条。

中国营养学会常务副理事长翟凤英教授曾经在上海做过一个调查，结果被调查者有一半人每天主食摄入量在200克以内。这种情况让人特别忧心。

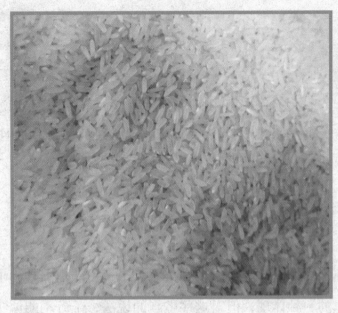

营养从每天1斤大米开始

孙树侠经常跟周围的人说，主食一定要多吃，《黄帝内经》讲得很清楚："五谷为养，五果为助，五畜为益。"人要健康一定要吃五谷，五谷是养命的；五果是我们吃的水果、蔬菜，是帮助消化的；五畜为益，肉类是起到补益作用的。如果你的饮食想得100分，主食就是那个1，主食没吃好，后面的0再多也没用。

从营养学的角度来说：

主食给人体提供能量。如果把人体比作一辆车，那主食就是汽油，不加油的车跑不了，不吃主食的人也一定不健康。

主食提供大量的纤维素。纤维素是人体消化系统健康的重要保证。主食——特别是粗粮中含有很多的纤维素，麸皮更是纤维素冠军。

主食提供大量的B族维生素。B族维生素是推动体内代谢，把糖、脂肪、蛋白质等转化成热量时不可缺少的物质，缺少B族维生素人会出现食欲不振和怠滞。

（二）打倒歪理邪说：安全养生从主食做起

大家现在都很关注养生保健，许多歪理邪说也借此大行其道，而普通的百姓没有专门的知识，往往被蒙蔽，而且越是离奇、出格的说法，往往越容易被追捧。许多所谓的专家鼓吹"主食有害"，甚至有人说"米饭、面食是现代人饮食中的毒药"，"是导致各种慢性疾病的元凶"。

孙树侠认为这完全是误导。全世界人吃了几千年的主食，到你这，三下五除二就成了毒药了？养生意识的提高是好事，也是全民素质提高的一种体现，但对这些愚蠢的说法，千万不能偏听偏信。养生一定要注意安全，要安全养生，否则事倍功半，甚至适得其反。

歪理邪说一：主食是许多慢性病的根源

有人说，大米、白面里面富含淀粉，也就是多糖，属于能量密集型的食品，这些能量被摄取后，只能以脂肪的形式储存在体内，从而引发各种慢性疾病。我可以负责任地告诉大家，这完全是一派胡言。

我们还是拿车做比方。车的能量来源是汽油，你听说过加油把车加得不能开了的么？没有，因为车要跑，跑的过程就会消耗能量。人也一样，我们每天运动工作学习乃至呼吸都需要能量，怎么能说能量就一定转化为脂肪呢？肥胖、糖尿病等都是代谢病，吃的比消耗的多才是代谢病的根源。咱们现在过的都是"猪八戒"的生活，吃得多动得少，能量就不平衡，其实多吃多动的人，通常要比少吃少动和不吃不动的人更健康。

打倒歪理邪说：安全养生从主食做起

歪理邪说二：吃主食爱长胖

曾经风靡一时的阿特金斯减肥法，就强调"肥胖的元凶不是脂肪，而是碳水化合物"。吃主食爱长胖，这个说法在爱美的女性中已经深入人心。

而事实上，1克脂肪产生9千卡的热量，1克碳水化合物和1克蛋白质分别产生4千卡的热量。所以说主食热量高是没有道理的。现代人饮食中的突出问题，是脂肪和蛋白质摄入超标，这是导致肥胖的根源。大多数主食不但热量不高，还可以提供饱腹感，特别有利于减肥。举个简单的例子，吃2两米饭和嗑40颗瓜子热量差不多，可是偏偏有人不肯吃饭饿着肚子，闲下来又没完没了的嗑瓜子。就这样，还抱怨自己饿也挨了，却瘦不下来，不是我说话不好听，真是能瘦才怪。

总之，主食一定要吃，而且要多吃。美国营养学家的最新研究显示，主食吃得少的人，坏胆固醇会增高，患心脏病的风险更大。另一项美国研究也显示，如果一周不进食面包、面条、土豆等主食，大脑的记忆与认知能力就会受到损害。原理其实很简单，如果人体热量供应不足，就会动用组织蛋白质及脂肪来解决，而组织蛋白质的分解消耗，会影响脏器功能。这就相当于家里没有柴，把房梁拆了当柴烧一样，拆来拆去，房子哪有不倒之理呀？

安全养生食谱
——粗粮也能很好吃

除了不吃主食，我们在吃主食上还有一个问题，就是吃得太精。咱们吃的米呀面呀，都是抽了筋扒了皮的，虽然看起来光鲜，但其实大量

红枣、薏米、绿豆、黄豆、小米、花生、黑米、红豆

的营养在加工的过程中都被去掉了，并没有吃到肚子里去。

为了获得更全面丰富的营养，孙树侠建议大家每天至少吃一种粗粮，如果不习惯粗粮的口感，可以在细粮里逐步加入，如烙饼时放点玉米碴，煮粥加一把燕麦等，不影响口感，还有营养。除此之外，孙树侠介绍了几个粗粮食谱，也可以帮大家开开心心吃粗粮。

（一）小米八宝粥

原料：小米、大米、黑米、玉米、红豆、绿豆、花生米、红枣各适量。

做法：将上述食物洗净后，用清水浸泡1~2小时，入沙锅加适量水用大火煮开后，换小火煮熟至黏稠即可。

功效：营养丰富全面，易消化。适于胃肠功能较弱、食欲欠佳和贫血的人食用。

（二）燕麦面条

原料：燕麦面500克，香菜末50克，黄瓜丝、白萝卜丝各50克，蒜茸10克，酱油、醋、麻油各适量。

做法：将燕麦面倒入盆中，用开水烫面，用筷子向一个方向搅拌，和成面团。稍醒做成剂子，搓成面条，轻轻放在笼中蒸熟。将蒜茸、酱油、醋、麻油放入碗中调成卤汁。将蒸好的面条取出，抖散置碗中，加入黄瓜丝、白萝卜丝、香菜末，浇上适量卤汁，拌匀即可。

功效：燕麦面条咸香适口，有健脾祛湿、降脂降糖的作用。

（三）玉米黄豆粥

原料：玉米面150克，黄豆面100克，白糖适量。

做法：将玉米面和黄豆面分别用温水调成糊状，然后一起倒入沸水中，同时迅速搅拌，开锅后换小火熬熟至黏稠，加入适量白糖食用。

功效：营养均衡全面，有健脾益气、清热解毒、降脂降压的作用。常用于慢性胃炎、动脉硬化、高血压、高血脂和糖尿病的调治。

（四）黑米红枣桂花莲子粥

原料：黑米50克，粳米50克，莲子30克，红枣30枚，糖桂花适量。

做法：将黑米、莲子、红枣洗净，用温水浸泡3小时，与粳米一起入锅加水，用大火煮开，换文火继续煮2小时左右，即可烂熟。粥熟后加入适量的糖桂花调味。

功效：健康养颜，补益气血，特别适合年老体弱的人。

（五）薏米百合粥

原料：薏米100克，粳米50克，鲜百合100克。

做法：薏米洗净用温水浸泡4小时后备用。将薏米和洗净的粳米入锅加水，大火煮开，换文火继续煮。再将百合掰成花瓣，用盐轻擦去苦味，在粥烂熟后加进粥中，稍煮片刻即可食用。

功效：此粥清香可口，有健脾清肺的功能，对肺热咳嗽、肺炎、肺脓肿等疾病有辅助治疗作用。

小知识：粳米、籼米、糯米

大米分为粳（jīng）米、籼米、糯米。粳米就是北方人平常吃的大米。糯米和江米是一回事，南方叫糯米，北方叫江米。糯米是粘性很大的米，俗称粘米。籼（xiān）米是我国出产最多的一种稻米，以广东、湖南、四川等省为主要产区，籼米的米粒相对粳米来说细长些。

二、大米及米制品安全养生指南

孙树侠说，每人每天最好吃 1 斤左右的主食。主食量大，其品质对我们的身体健康至关重要。可是现在，食品安全危机四伏，主食也未能幸免，毒大米、漂白面粉、染色馒头等等层出不穷。怎么办？不要着急，接下来，就是教大家如何选购安全的主食。

（一）警惕形形色色的毒大米

2000年12月，新华网刊发了这样一条消息：

今年10月下旬，原阳县桥北乡马井村农民周进京，从山东以每斤0.79元的价格购进一批劣质大米，同日，村民张全战以每斤0.8元的价格也购进一批劣质大米。二人的大米均用黑色无字包装袋包装，运回原阳桥北大米市场周根的门市部存放，并让周根寻找买主。

经周根的介绍，村民王斌以每斤0.84元的价格收购了这批大米，共计50余吨。随后，王斌购买了印有东北大米字样的包装袋，并找来5人帮手，更换了装劣质大米的黑色包装袋。

第二天上午9时，王斌雇用大卡车将大米运往郑州火车站，托运广东出售。事后，更换下来的1300多条黑色包装袋，被周根卖给了本村村民郝海滨，此包装袋后被公安机关扣押。

在整个买卖过程中，大米被掺入了工业用油，并导致中毒事件的发生。这个例子，生动地给我们展示了"毒大米"是怎样炮制并且流入市场的。此事虽然过去10多年了，但"毒大米"从来就不曾在市场上绝迹过。

咱们现在常说的"毒大米"其实是一个泛称，现在已知的毒大米主要有以下几类：

1. 翻新陈米

我们都知道，大米放久了就会变得表面粗糙、易碎，颜色发黄甚至发黑，并且散发出难闻的霉味儿，这样的大米在我们自己家里是无论如何也不会吃的。

但是就有人有本事把这些陈米改头换面，再次送上老百姓的餐桌。大家可以看看2010年8月16日《长江商报》的这则新闻：

本月9日晚8时许，记者在该加工厂员工的带领下，进入一工厂车间探访，目睹霉变大米加工全过程。加工车间内，机器声轰轰作响。几名赤膊的工人正忙着将各种大包的"广西优质米"和"江西优质米"拆包倒入一个大漏池内，机器将大米吸入高速运转的圆锥形状铁皮容器内进行抛光。坐在出米口的工人，则在大型的漏斗下面用各种品牌的包装袋装米。经过机器缝包后，一包包成品的"马坝油粘"、"泰国香米"等

警惕形形色色的毒大米

知名品牌大米就出炉了。

看到了吧，散发着霉味儿的陈米经过不法厂商用去皮、漂白、抛光、添加工业用矿物油等方法处理后，就变得色泽透明、白润了；再加上一点大米增香剂盖住霉味儿，装进精美的袋子里，就上市了。

这种翻新陈米在市场上销售相当普遍，《法制日报》2011年3月的调查显示，在售的各种名牌大米，真品大约只有40%，剩下的大多是劣质大米冒充的。

这些陈化粮经过长期储藏，细菌超标，含有大量致癌物质，特别是黄曲霉毒素的含量更是惊人。黄曲霉毒素对人肝脏有剧烈的损害作用，黄曲霉毒素的毒性在剧毒化学药品氯化钾的10倍以上，相当于砒霜的68倍，是可怕的致癌物质。

人发生黄曲霉毒素中毒的前期症状为：发烧、腹痛、呕吐、食欲减退等，2—3个月后会很快发生中毒性肝病表现，肝脏肿大、肝区疼痛、黄疸、脾大、腹水、下肢浮肿及肝功能异常，还可有心脏扩大、肺水肿，甚至痉挛、昏迷等，多数患者在死后会有直肠大出血现象。

"致癌大米"虽然一次性的毒性没有这么大，但长期食用将无疑会给大家的身体健康带来极大损害，甚至致癌。

2. 石蜡大米

石蜡大米也是翻新陈米的一种，但是在翻新的过程中使用了工业原料石蜡，所以在翻新陈米的危害以外又额外加上了工业石蜡的危害，对人体的威胁更进了一步。

工业石蜡一般是从石油当中直接提取，含有多环芳烃和稠环芳烃。这两种物质都是非常强的致癌物。此外，人体摄入石蜡后，还会造成腹泻等肠胃疾病。

3．镉超标大米

和前面两种大米的人为"下毒"不同，镉超标大米是因为水稻生长的环境，特别是土壤中镉超标而造成的。镉超标主要表现为镉对骨骼中钙的置换使骨质软化、发生骨折，患者全身骨关节疼痛难忍，造成"骨痛病"。此外，也会造成肾脏无法正常工作。而且，对镉的过多摄入，还会妨碍人体对必不可少的微量元素锌的吸收。

2011年2月，南京农业大学的潘根兴教授表示，2007年他们针对中国六个地区（华东、东北、华中、西南、华南和华北）县级以上市场的170多个大米样品进行了随机采购和科学调查，结果发现有10%的市售大米存在着镉超标的问题。

2012年1月15日广西龙江河出现的重大镉污染事故，相信已经对当地的种植环境产生恶劣影响。

4．另类"毒大米"

除了比较常见的这几种毒大米以外，还有一些地区发现了另类毒米。据《南方都市报》报道，广东梅州就发现一些不法厂家用氧化铁红、活性炭粉等工业染料作为增色剂，生产加工红曲米。这样加工的红曲米，食用后对人体有严重危害。

（二）如何选购安全大米

选购安全大米，我们有四招：一看，二摸，三闻，四泡。

一看：

尽管不法商贩挖空心思将陈米伪装成新米，但总还是难免有些纰漏。最明显的是翻新陈米比较碎，这个是无论什么手段也改变不了的。

优质大米一般呈淡青白色或米青白色，半透明状且具有光泽，米粒呈长形或椭圆形，米粒大小均匀，表面光滑，虽然可能有少量的碎米，但一定应该做到"四无"——无霉、无虫、无杂质、无异味。

二摸：

毒大米因为经过矿物油的处理，手感比较油腻。优质大米手感润泽，但不油腻。所以，大家买大米的时候可以带上一张餐巾纸，在大米上拍一拍，用油处理过的大米，纸巾上就会留下油点。

三闻：

古诗有云："稻花香里说丰年，听取蛙声一片。"优质的大米应该有自然的稻谷香味，而翻新的陈米仔细闻的话会有霉味，或者不自然的香精味儿。

四泡：

这招最简单也最有效，把少许大米放进水中，有油花飘上来的一定是毒大米，千万吃不得。

大家一定要注意的是，不法厂商是很狡猾的，他们往往把翻新陈米和好大米掺在一起卖。所以不管用什么方法鉴别，大家都一定要细心，不要光看表面，特别是一定要掏出袋子深处的大米来看才行。

而对于镉超标的大米，我们普通老百姓，虽然无法从肉眼上来识别哪种大米镉污染超标，但只要在购买大米时，多选择不同产地、不同品牌的稻米品种，同时广泛地摄取其他的营养物质，杂地取食，多吃一些海产品、豆类等含锌较高的食物，就可以降低患病的风险。南方人则特别应该注意多搭配吃北方品种，东北大米味道好营养丰富，是一个不错的选择。

（三）家庭如何正确淘洗大米

我们买回来的大米有时会有泥沙、草籽等杂质，所以米下锅之前，淘洗是必须的，但是如果淘洗得不得法，很容易损失营养成分。

我们很容易看到有些主妇，回家以后手忙脚乱地给家里人做饭，米往洗米盆里一放，水龙头打开冲着，这边自己就洗菜炒菜去了，美其名曰"统筹方法"。但是时间不是这么个节省法，淘米其实很有学问，不注意的话就很容易流失营养成分。

说到淘米，孙树侠说，在她的老家东北，家家户户到现在淘米还是用双手去搓米，好像那米有多脏似的。这都是从前留下的习惯。大家吃的是陈米，放了几年的，且土法碾米，大米表面粗糙，这样的米搓洗是对的。但现在不一样了，现在的米不是陈米，是放在封闭仓库里保存的，卫生保障，还经过抛光，有关部门已经发文，以后再也不能往大米里放增白剂。所以洗米不必搓，搓会把米的营养洗掉，米要打磨的话有12层呢，磨擦得多，损失就多，非常可惜。有的已经是免淘米，直接煮就保持了大米的营养。如果担心饭硬，可以先泡米，泡半小时再煮，泡米水不要倒掉，就用这水煮饭。

1. 家庭如何正确淘洗大米

在淘米的过程中，我们应当注意：

（1）适当控制淘洗的遍数

实验表明，米粒在水中经过一次搓揉淘洗，所含蛋白质会损失4%，脂肪会损失10%，无机盐会损失5%。所以，不要觉得米淘的次数越多越

家庭淘洗大米的方法

干净，淘去米中的泥沙杂屑就可以了。

（2）淘米不能用力去搓

（3）淘米前不要把米在水中浸泡

米粒表层有一些可溶性营养成分，经过浸泡的米大量营养成分都随水流失了。

（4）淘米用冷水，不要用热水和流水淘洗

用热水和流水更容易导致米中的营养流失。孙树侠说，她身边的朋友中，用热水淘米的人不多，但是用流水淘米很常见。水龙头一开，哗哗地冲米，这对米表面的营养素损伤极大。

2. 开水煮饭更好

但煮饭的时候就恰恰相反，很多人煮米饭习惯用生冷自来水，其实这是不科学的。生自来水中含有一定的氯气，在煮饭时它会破坏大米中所含的维生素B_1。据测定，用生冷的自来水煮饭，维生素B_1损失的程度与烧饭的时间成正比，一般情况下，损失30%左右。用烧开的水煮饭，因为烧开后的水中氯气已挥发掉了，维生素B_1就可避免损失。

专栏

红楼秘方
——奶子糖粳米粥

读过《红楼梦》的人都知道，宁荣二府上上下下，最能干的人不是那些老少爷们儿，而是贾家的一个媳妇儿——"凤辣子"王熙凤。

在《红楼梦》通行本的第十三、十四回里，宁国府贾珍的儿媳秦可卿病亡，悲痛欲绝的贾珍决心要为儿媳操办一场隆重体面的葬礼，于是请精明强干的王熙凤过来帮忙。生性好强，素来喜欢卖弄才干的王熙凤，来宁国府上任之后，便使出浑身解数，把宁国府上上下下的丫头婆子们管教得服服帖帖。这时候，曹雪芹写了一笔王熙凤的吃食。在这个日夜操劳的时候，王熙凤吃的是什么呢？

书中写道："收拾完备，更衣净手，吃了两口奶子糖粳米粥。"大家看，不是什么山珍海味，而是奶子糖粳米粥。

粳米其实就是我们平常吃的大米，《红楼梦》里的荣国府宁国府，生活极其奢华，很多菜肴不是咱们普通人能消受得了的，而这道"奶子糖粳米粥"算得上是《红楼梦》中最为朴素的一道补方了，下面大家就来跟孙树侠学一下吧！

奶子糖粳米粥

功效：中医讲，大米味甘，性平，大米粥具有补中益气、健脾强胃、止消渴、去烦劳的功效。而加入了牛奶的大米粥则功效更佳，不但可以健脾益胃，更可以滋阴补气、生津润肠，适用于食欲不振、慢性肠胃炎、贫血、骨质疏松、习惯性便秘等。这也就是王熙凤在最繁忙的时候，选择这么一道朴素美食的原因所在了！

原料：大米100克，牛奶250毫升，红糖或白糖适量。

做法：

1. 往锅中倒入适量的水，用大火把水烧开。水开后，将淘洗干净的粳米下锅，继续用大火烧开。

2. 粥沸腾后改成小火，慢慢再熬1小时左右。

3. 粥将要熬好时会变得黏稠，此时再加入牛奶。

注意：牛奶一定不能过早加入，否则会破坏营养成分。加入牛奶后搅拌均匀，再稍微煮上几分钟，使奶粥交融就可以出锅了。您可以根据个人需要撒上白糖或红糖调服。

三、面粉及面制品安全养生指南

（一）买面粉别贪白

有一位做面粉生意的网友，这样描述他的苦恼：

我们家也是面粉厂，规模不大，干了20多年了吧，现在我就跟着爸爸干，去外面送货，到粮油店，买面粉的客户就问，面白么？我说白，他就问是不是加增白剂了。当我说不白，他们就会问是不是面不好啊。我说大哥你捅死我吧，叫我们怎么做？其实还是客户的需求决定我们加不加（增白剂），谁愿意加呢？馒头不白他们不买，面条不白他们不买，其实不怪我们。不过好现象是，有的人正在改变观念，都知道买不加任何东西的面了。

这位网友的故事，很生动地表现出了普通消费者在购买面粉时的困惑。套用莎士比亚的一句话来说，加，还是不加，这是个问题。

2011年3月1日，卫生部等部门发布公告，撤销食品添加剂过氧化苯甲酰、过氧化钙，自2011年5月1日起，禁止生产在面粉中添加这两种物质。这两个名字听起来很复杂的化学物品，其实就是咱们说的面粉增白剂。

为什么要禁用面粉增白剂？孙树侠说，因为面粉增白剂对于面粉本身的品质和对人体健康都有害无益。

面粉添加增白剂危害健康（右图为添加增白剂的面粉）

1. 增白剂对面粉品质的危害

（1）**对面粉气味的影响**。面粉具有自身特有的麦香味，而增白剂的主要成分则有一种特殊的杏仁味。所以，增白剂会使面粉失去原有的麦香味。面粉如果在潮湿环境中贮存，就更容易产生异味。你想想，杏仁味的面粉，那能好吃？而且在加热时，未分解的增白剂又会形成另一种化学物质——苯酚，这种化学物质不但有奇怪的味道，而且有毒，还有腐蚀性。

（2）**对面粉色泽的影响**。使用增白剂，当然是要使面粉变白，但过量添加，会造成面粉煞白甚至发青。早几年的时候，超市里出售的"精白粉"、"超白粉"、"赛白雪"等各种名目的特白面粉，价格奇高，故意让消费者误以为白就是好。其实新鲜自然的面粉是白色偏淡黄色，那些煞白的面粉实际上是添加了增白剂。

（3）**对面粉烘焙品质的影响**。添加面粉增白剂，对面粉的筋力和弹性有一定的影响，添加量越大，破坏越大，用老百姓的话说，就是"不劲道"了。

孙树侠举例说，有一个朋友，老抱怨说买的面粉刚开始还不错，放一段时间以后，品质越来越差，面条一拉就断，包饺子一煮就破皮，蒸馒头更是不起个。这朋友以为是因为面粉不新鲜了，后来孙树侠看了她买的面粉，就是特别白的面粉，添加的增白剂破坏了面粉的弹性，面自然就不劲道了。

（4）**对面粉营养成分的影响。**增白剂增白的主要原理之一，就是氧化面粉中的胡萝卜素。所以增白剂对胡萝卜素的破坏是毋庸置疑的，同时，它还会破坏面粉中的维生素A、维生素E和维生素K，对于其他维生素如维生素B_1、维生素B_2等，也有少量影响。这样一来，我们的主食——面粉里的营养，很多就被破坏了。

2. 增白剂对人体健康的危害

前面提到，增白剂的主要成分之一是过氧化苯甲酰，这种化学物质在给面粉增白的过程中，会生成一种叫苯甲酸的有害成分。吃进去后，人体要清除苯甲酸，主要有两个途径，一个是通过尿液排出，另一个是通过与葡萄糖酸锌化合而解毒。

这两种解毒作用都在肝脏进行，所以食用含有增白剂的面粉，会加重人体的肝脏负担，对肝功能衰弱和肝功能损伤的患者，容易导致肝脏病变，引发多种疾病。即使是对于普通人，现在食品问题这么多，肝脏的解毒任务已经十分艰巨，能给它减减负还是减吧。

需要特别注意的是，对于"特别白"的面粉，也不能一棒子打死，"精粉"也会是特别白的颜色。但其实所谓的"精粉"，虽然口感好，但营养价值却不高。因为这种"精粉"在加工过程中只保留了淀粉含量高的麦心部分，而富含脂肪、维生素、矿物质、膳食纤维等营养成分的小麦皮层，则全部被去掉了。

虽然"精粉"从增白剂这个角度来说是无辜的，孙树侠仍不建议大家经常吃，她反而建议大家吃含有麸皮在内的全麦粉。

（二）如何选购优质面粉

面粉天天吃，选购很重要。孙树侠教大家最简单的三招：一看，二闻，三捻。

一看：

看有两看。一看外包装，包装上应该做到"六全"——厂名、厂址、生产日期、保质期、质量等级、产品标准号，这些缺一不可，只要缺了，很可能就不是正规产品。另外，在经济条件允许的情况下，尽量可以选择一些名优品牌。

二看面粉颜色。咱们前面已经多次提到了，小麦中含有微量的胡萝卜素，所以正常的面粉应该是偏一点黄色的。添加了增白剂的面粉则呈现出煞白的颜色。孙树侠提醒大家："买面粉别贪白，请君务必记心间。"

二闻：

纯正的面粉应该有沁人心脾的麦香，如果加了添加剂，则可能会有奇怪的气味，比如前面说到的杏仁味。另外，面粉很容易受潮，有些商家将受潮的面粉烘干后重新贩卖，这样的面粉会有霉味，也要特别注意。

三捻：

优质面粉的手感应该略微发涩，而添加了滑石粉等添加剂的面粉，捻起来可能非常滑，这种面粉也要注意，不能购买。

选购优质面粉有办法

食品添加剂，是天使还是魔鬼

关于添加剂有一个著名的故事，故事的主角是我们最熟悉的食品添加剂——糖精。

100年前，美国历史上著名的总统之一——西奥多·罗斯福(1901—1909年在位)患有糖尿病，所以一直不能吃甜食。而糖精的使用解决了他的痛苦，所以他一直坚决支持糖精。他对于反对糖精则非常愤怒，曾说"认为糖精有害健康的人都是白痴"。

此后，在美国，关于糖精的争论进行了100年，在这100年里，科学家对糖精的安全性问题进行了大量研究，当科学实验一度显示可能对人体有害时，所有使用糖精的食品都被要求标注"糖精可能致癌"。而随着研究的深入，始终无法找到糖精和人类癌症有关的可靠证据，因而直到2001年克林顿时期，糖精终于在美国获得了完全合法的地位。

大家看到了，即使在我们认为食品安全天堂的美国，食品添加剂的使用也是完全合理合法的。事实上，食品添加剂大大促进了现代食品行业的发展，甚至被誉为"现代食品工业的灵魂"。举例来说，如果没有防腐剂，我们可能永远无法吃到比较远的地方生产的食物；又比如，抗氧化剂则可阻止或推迟食品的氧化变质，以提供食品的稳定性和耐藏性。

而现在最为人诟病的各种增色剂、护色剂、漂白剂、食用香料以及乳化剂、增稠剂等，可以明显提高食品的感官质量，满足人们的不同需要。

但是不可否认的是，食品添加剂，特别是化学合成的食品添加剂大都有一定的毒性，使用时一定要严格控制使用量。一旦超过一定用量，都会对人体有毒害作用。

我们普通消费者的"谈添色变"，也是由我们的特殊国情决定的。

对美国人来说，"食品添加剂"这个概念跟其他的食品成分一样，完全不会为它感到头疼。美国人把食品成分是否安全的评估交给了食品和药物管理局（FDA），只要是获得FDA批准使用的食品添加剂，就可以认为是安全的。

那么，我们可以信谁呢？中国没有这样一个权威给大家吃定心丸，只好宁愿相信它是有害的才稳妥。甚至，由于中国某些政府部门和专家声誉不佳，所以民众还有种反着来的心态——既然是你批准进入的，那就肯定是该剔除出来的。

咱们现在经常出现的添加剂方面的食品安全问题，实际上可以分为两类：

第一类：过量添加"允许使用的食品添加剂"

不久前在深圳市市场监管局的抽查中，著名火锅品牌"小肥羊"的"超精猪肉丸"被检测出复合磷酸盐超标。这一事件就属于此类。

复合磷酸盐是一种国家标准限量使用的食品添加剂，在肉类加工中被用作保水剂，但过量食用会引起人体钙磷比失调，尤其会影响儿童对维生素D的吸收，可能造成佝偻病。

第二类：添加"不允许添加的工业添加剂"

工业添加剂不允许使用在食品中，但因其价格低廉，一些黑心作坊将这种工业原料添加到食品里面，也十分常见。

比如一些黑心厂商将印染工业的还原剂"吊白块"用在米粉、面粉、粉丝、银耳、面食品及豆制品等中，使其增白。

"吊白块"的水溶液在60℃以上就开始分解为有害物质，120℃以下分解为甲醛、二氧化碳和硫化氢等有毒气体，可以导致头痛、乏力、食欲差，严重时甚至可致鼻咽癌，所以国家严禁在食品中添加。

可见，食品添加剂本来没有那么可怕，只是众多厂商操作的不规范和蓄意的谋取暴利行为，让添加剂变成了吞噬人们健康的魔鬼。

为了控制住这种局面，国家食品安全法现在也参照国际先进经验，认为"技术上确有必要"才允许添加。也就是说，能不加就不加，能少加就少加。

一些添加剂可能在一定范围内对人体不见得有害，比如面粉里的荧光剂、增白剂，饮料里面的色素，只要不是"技术上确有必要"，就不允许添加。只有这样才能有一个确定的标准，否则只要一说可以加，各厂商就开始加入各种添加剂，没法控制了。

正确认识"有害剂量"

另外，关于食品添加剂，普通消费者必须走出一个误区，那就是对"有害剂量"的反感。

孙树侠说，她的许多朋友，每次一听"有害剂量"就觉得又是专家们耍的花招。他们总认为，有毒的东西，吃得再少也是有毒啊，少吃小害，多吃大害，所以还是不吃为妙。

但是实际上，人们认为"健康"、"安全"的那些东西，未必就像想象的那样"好"；而人们谈之色变的东西，也未必就有那么"毒"。比如最近名声很臭的"反式脂肪酸"，都说反式脂肪酸会增加心脑血管疾病的风险，但实际上一份含氢化油的咖啡伴侣或者炸鸡腿，并不比一份红烧肉的风险小。

再举个通俗点的例子，许多人都知道吃高盐的食物可能会引起高血压，所以控制饮食中的含盐量，但并没有人因此而不吃盐。食品添加剂的"有害剂量"问题，其实就和"高盐""低盐"一样，不必过度惊慌。

（三）注意：面包馒头陷阱多

1. 回炉面包危险高

现在生活节奏快，大家都没时间自己弄早饭吃，特别是在大城市朝九晚五工作的白领，路上消耗的时间成本又高，往往五六点钟就要起床，哪有时间做早饭呢？所以往往都是吃成品的面包牛奶，又快捷又方便，在地铁上公交上几分钟就能吃完。

但就是这每天都吃的小小面包也深藏着隐忧。

2011年4月，《广州日报》爆出广州著名甜品品牌"甜心客"生产回炉面包的黑幕。"甜心客"在广州有十多家分店，最最便宜的面包也要6元一个，大部分都在10元以上。而就是这家被众多白领青睐的"高端"面包店，却每天将各个分店销售不完的面包回炉再造，摇身一变，就成了新鲜面包，再次以不菲的价格出售。

有趣的是，这些回炉面包名字还特别诱人，有"丹麦芝士苹果包"、"蓝莓芝士面包"、"奶香芝士片"、"恺撒大帝"、"法式三明治"等，其中不乏"甜心客"的"必选品"和"热销品"。

报道发出以后，许多自称"业内人士"的网友纷纷出来自曝内幕，声称面包回炉或更改生产日期标签的行为，早就是面包行业的潜规则，只要面包没发霉，就一直换标签，"超市也默认这种情况"，甚至"超市自己就这么干"。

2．如何选购优质面包

说起面包的选购，孙树侠又教大家几招了。

总的来说，面包可分为主食面包和点心面包两类。主食面包是以面粉为原料，加入盐水和酵母等，经发酵烘烤而成，其形状有圆形、长方形等。一般来说，主食面包因为味道比较简单，如果用回炉面包或者过期面包再造，容易被消费者发现，所以相对安全，过期的主食面包往往添加辣椒和其他调味料制成烤面包片。

如果大家注意一下，超市的烤面包片大多没有生产日期和保质期，这种面包片不建议购买。

而点心面包除了面粉外还在原料中加入了较多的糖、油、蛋、奶、果料等，像上述"甜心客"再造的几款面包，都属于回炉面包，而且是味道特别复杂的品种，用了大量的果酱、芝士片、丹麦面皮等等来混淆口味，让消费者吃不出不新鲜面包的异味。

所以我们在选购面包的时候要注意，调味品用得特别多的面包，是回炉面包的可能性更大。除此之外，我们还可以通过观察来大致评定面包的质量。

如何观察辨别面包的质量

一看色泽。好面包表面呈金黄色至棕黄色，色泽均匀一致有光泽，没有烤焦、发白的情况。而质量不好或者不新鲜的面包表面呈黑红色，底部为棕红色，光泽度不佳，色泽分布不均，严重不新鲜的甚至可能有白斑。

二看形状。品质优良的新鲜面包的形状应当是十分饱满的，圆形面包像神气十足的将军肚，其他的花样面包也应该整齐端正，所有面包表面均向外鼓凸。而不新鲜的面包则会出现外观严重走样、塌架、粘连等情况。

三看组织结构。这一步要仔细观察，面包切面上的气孔应当均匀细密，没有松垮的大孔洞，表面洁白而富有弹性。如果是有果料的面包，果料应当散布均匀，整个看起来像一个蓬松的海绵。而不新鲜的劣质面包组织蓬松暄软的程度就比较差，气孔不均匀，弹性也差，果料"扎堆"甚至变色。

四看味道。品质优良的面包应当吃起来味道香甜，口感暄软，不粘牙。"甜心客"用丹麦面皮加工回炉面包，就是因为丹麦面皮口感软韧，可以遮掩不新鲜面包不暄腾的不良口感，让消费者无法辨别。

3．人靠衣服马靠鞍，馒头也能巧打扮

孙树侠有个老邻居，对食品安全问题一向不太以为然，总觉得出问题的那些食品，不过是地摊上价格低廉的"三无产品"，只要多花点钱，到正规的大型超市买，就不会买到不健康的东西。

终于有一天，上海的"染色馒头"事件曝光，让他大惊失色，原来超市里也有这么恐怖的食品安全威胁！

当然，这位邻居的想法也不是完全没有道理，一般来说，同类食品中，价格低廉特别是异常低廉的，不建议大家购买。人们常说"便宜没好货"，其实大家都知道，但是人的本性，总难免贪小便宜。有些不法商贩，往往也就是利用了人们贪便宜的心理，把劣质的、过期的或者是不合格的食品加上添加剂，以较低的价格出售给消费者，所以那些便宜的"地摊货"，最好还是不要买。

但话说回来，自己的心还是得自己操，超市是以挣钱盈利为目的的，他们也希望能进到便宜的东西，这也就给不合格食品有可乘之机。而这些不合格食品因为加了添加剂，往往又色泽鲜艳，看起来招人喜

染色馒头陷阱多

欢，甚至比同类的正规产品卖得还好，超市当然就更愿意采购这些产品了。一个小作坊生产出来的劣质有毒馒头，居然进了大超市，甚至还成了"名牌"，就是这个原因，正是"人靠衣服马靠鞍，馒头也能巧打扮"。

其实市场上出售的馒头，添加剂远不止色素这一种。许多商贩为了让馒头看起来松软，甚至在发面的过程中直接加入洗衣粉。有段时间在甘肃兰州，添加过洗衣粉的馒头居然占到市场上在售馒头的90%，而在北京、上海，这也绝不是个别现象。

馒头中经常含有的添加剂

山梨酸钾。山梨酸钾在食品中主要起防腐剂的作用，对人体有极微弱的毒性，但它是一种不饱和脂肪酸（盐），可以被人体代谢吸收，在体内无残留。一些厂家为了节约成本，用具有毒性的苯甲酸钠代替山梨酸钾，虽然其毒性不会使人体立即死亡或发生重大疾病，但却是身体健康的一种隐患。

甜蜜素。一种常用甜味剂。消费者如果经常食用甜蜜素超标的食品，会因摄入过量而对肝脏和神经系统造成损害，对老人、孕妇、小孩伤害更为明显。因为甜蜜素有致癌、致畸等副作用，一些国家已经全面禁止在食品中添加甜蜜素。

4. 如何选购优质馒头

那么馒头怎么鉴别好坏呢？孙树侠说，主要就是三条：一捏，二看，三泡。

一捏：

捏这一关，主要是观察馒头是否加了膨松剂或者洗衣粉。用膨松剂

市场上购买的馒头

做出来的馒头，蓬松度更加可控，吃起来也更加松软可口，但是如果人体摄入过量膨松剂则有可能导致铝超标，会伤害人体中枢神经，导致老年痴呆症的发生，另外还可能增加心脑血管疾病发生的概率，严重影响人体健康。

不过不用担心，添加了膨松剂的馒头，从外观和手感上非常容易分辨，如果馒头个头特别大，颜色特别白，捏起来特别喧腾、松软，甚至感觉像面包一样，那多半就是添加了膨松剂或者洗衣粉。要是手感上分辨不出来，那也好办，自己在家蒸上一锅馒头，捏一捏，看看什么感觉，回头跟正规超市、市场上卖的馒头一对比，心里就有数了。

二看：

主要鉴别馒头有没有添加色素。白面馒头一般是不会添加色素的，添加色素的主要是所谓的"粗粮馒头"。现在生活好了，人们细粮吃得太多，都知道适当摄取粗粮有利于身体健康，就爱买粗粮馒头，上海"染色馒头"事件里，就有玉米面馒头。

如何选购优质馒头

玉米面馒头添加的主要色素，一般是柠檬黄或者日落黄。这种色素具有一定的毒性和致泻性，长期食用或一次性大量摄入可能引起过敏、腹泻等症状，甚至超过肝脏负荷，对肝脏、肾脏造成损害。最应警惕柠檬黄的是儿童，它可能导致儿童多动症甚至影响孩子的智力发育，因此，欧洲法律明确规定，一切三岁以下儿童食品禁用柠檬黄。

都市年轻人没见过玉米面，以为黄澄澄的一定是好的，其实不是。玉米面的颗粒大，一般是做不出色泽均匀通体金黄的馒头；另外，玉米面比面粉粗糙，做的馒头也不会太光滑。如果你看到的馒头颜色纯黄，又和白面馒头一样光滑，就必须留心了。

看的同时还可以闻一闻，生产者为了馒头口感好，还会添加一些甜蜜素之类的食品添加剂，这种馒头香味过浓，有不自然的甜香。

三泡：

馒头买回来了，要是还不放心，那就掰一块放到水里泡一泡，要是馒头掉色，水的颜色变黄，那当然就是染色馒头，水的颜色越鲜亮，馒头含的色素就越多。

第三章

家庭副食安全养生指南

一、牛奶及乳制品安全养生指南

（一）一杯牛奶的爱与痛

1. 从"大头娃娃"到"皮带奶"、"致癌奶"

2003年，刚刚从广东打工回乡的安徽阜阳农民小张一回到家，便急忙扑到自己日夜牵挂的、刚刚半岁大的孩子床前。然而让小张没有想到的是，几个月没见，孩子出现了一些奇怪的症状：脸肿大、腿细、屁股红肿、皮肤溃烂。小张两口子急忙把孩子送到医院，诊断结果为蛋白质摄入不足导致营养不良，没多久，孩子便因医治无效而夭折——这是食用劣质奶粉的可怕结果。

更糟糕的是，这样的悲剧不仅仅发生在小张一家人的身上。

根据2004年4月27日新华网发布的国务院调查组对阜阳地区的调查结果，因食用劣质奶粉，仅阜阳一地，2003年5月1日以后出生的婴儿中，共有轻度、中度营养不良婴儿 189例。随着劣质奶粉问题的曝光和深挖，全国各地因为吃了劣质奶粉而导致婴儿严重致病、夭折的个案不断涌现。到2004年4月25日，已有山东、成都、江西、太原、兰州、辽宁、海南、武汉、长沙、深圳、浙江、河北等地发现劣质奶粉的踪影，甚至北京、广州也出现了怀疑吃劣质奶粉导致严重发育障碍的婴儿。

2008年的三聚氰胺事件更加惊心动魄：9月8日，甘肃岷县14名婴儿同时发现患有肾结石病症，引起外界关注。至9月11日，甘肃全省共发现59例肾结石患儿，部分患儿已发展为肾功能不全，同时导致1名患儿

一杯牛奶的爱与痛

死亡。调查发现，这些婴儿均食用了三鹿企业生产的18元左右价位的奶粉。而且人们发现，两个月来，中国多省已相继有类似事件发生。"三聚氰胺"事件由此曝光。

可怕的是，在质检总局随后的检查中，有22家婴幼儿奶粉生产企业的69批次产品检出了含量不同的三聚氰胺，除了河北三鹿外，还包括：广东雅士利、内蒙古伊利、蒙牛集团、青岛圣元、上海熊猫、山西古城、江西光明乳业英雄牌、宝鸡惠民、多加多乳业、湖南南山等。这份名单，几乎囊括了所有奶制品企业，甚至包括一些深受消费者信赖的驰名商标、国家免检产品。

三聚氰胺的阴影尚未彻底散去，2011年又爆出了"皮带奶"事件。媒体报道，一些奶制品生产厂家为了提高奶中的氮含量，将皮鞋、皮带的下脚料经过加工后加入牛奶中。但是此氮非彼氮，这样生产的奶，不但毫无营养，而且细菌严重超标。

"皮带奶"曝光不久，中国最知名的牛奶品牌蒙牛又被发现生产"致癌奶"：2011年11月24日，国家质量监督检验检疫总局公布近期对全国液体乳产品抽检结果——蒙牛乳业（眉山）有限公司生产的一批次产品被检出黄曲霉毒素M1超标140%，黄曲霉毒素M1为已知致癌物，具很强致癌性。

尽管25日凌晨1点，蒙牛在其官网承认这一检测结果并"向全国消费者郑重致歉"，但人们对中国牛奶产品的安全几乎完全失去信心。

2. 牛奶，营养价值知多少

"一杯牛奶强壮一个民族"的故事，大家想必都不陌生。

这个故事说的是"二战"以后，日本重新开始富国强民的计划，但由于日本人身材矮小，经常被欧美人笑话。为了改变这个情况，日本政府在全国推行"一杯牛奶强壮一个民族"的计划，由政府出钱补贴，给正在成长发育中的中小学生每人每天至少喝一杯牛奶。

事实和时间验证了这个计划的成效，五六十年过去了，日本中小学生的平均身高逐渐超过中国的同龄儿童，"小日本"变成了"大日本"，身体素质得到了很大提高，在国际体育比赛中也频频获奖。

为什么牛奶有这么神奇的功效呢？这是因为牛奶中营养价值含量极高。

乳汁是养育新生命最好的天然食物，西方人称牛奶是"人类的保姆"。每100克牛奶中，含有脂肪3.1克、蛋白质2.9克、乳糖4.5克、矿物质0.7克、生理盐水88克。这些营养在我们的生命中都占有重要位置。

牛奶中的脂肪营养价值非常高，脂肪球颗粒很小，喝起来口感细腻，并且极易消化。此外，乳脂肪中还含有人体必需的脂肪酸和磷脂。

牛奶含有人体成长发育的一切必需氨基酸和其他氨基酸。组成人体蛋白质的氨基酸有20种，其中有8种是人体本身不能合成的，它们称为必需氨基酸。如果我们进食的蛋白质中包含了所有的必需氨基酸，这种蛋白质就叫做全蛋白，牛奶中的蛋白质便属于全蛋白。并且，**牛奶中蛋白质的消化率可达100%，而豆类所含的蛋白质消化率仅为80%。**

牛奶中的乳糖，可以提供热能和促进金属离子如钙、镁、铁、锌等的吸收，对于婴儿智力发育非常重要。人体中钙的吸收程度与乳糖数量成正比，所以，牛奶喝得越多，身体对钙的吸收就越多。

此外，乳糖还能促进人体肠道内乳酸菌的生长，抑制肠内异常发酵造成的中毒，保证肠道健康。乳糖优于其他碳水化合物。

牛奶中的矿物质种类非常丰富，除了我们所熟知的钙以外，牛奶中磷、铁、锌、铜、锰、钼的含量都很多。并且，牛奶中钙磷比例非常适当，利于钙的吸收，是人体钙的最佳来源。

牛奶对于补充维生素的作用也很大。牛奶中包含所有已知的维生素种类，尤其是维生素A和维生素B_2含量较高。

饮食安全指南

优质牛奶如何选

3. 优质牛奶如何选

尽管牛奶营养如此丰富，但频繁的牛奶安全事件，已让大多数国人对牛奶望而却步。大人都尽量不喝牛奶，孩子要喝的奶粉，也尽量从国外买。

本书撰稿人的一个姐姐就是这样，女儿从开始喝奶粉那天起，所有的奶粉都由朋友从新西兰寄过来，价钱昂贵不说，还给一家人增添了不少的麻烦。但是为了孩子的健康，还能怎么办呢？

奶粉可以从国外买，日常喝的牛奶总不行吧？不过，大家也不用太担心，孙树侠有一些选购牛奶的方法，帮助大家选购到比较优质的牛奶，她说在超市里选购牛奶，大家要注意：

（1）选择脂肪含量高的牛奶

袋装或者瓶装的牛奶，都会标明牛奶的乳脂肪含量，一般来说，这个含量越高，奶的质量就越好。跟蛋白质含量不一样，乳脂肪极少出现人工添加化学物质的掺假现象。

而蛋白质含量高不代表牛奶质量一定好，添加三聚氰胺或者尿液等，就是为了在蛋白质含量的检测中蒙混过关、以次充好。

（2）同等脂肪含量产品，选择低温灭菌的

低温灭菌产品营养素保留得更加全面。如果不介意稍微贵一点，建议选择"新鲜屋"包装的牛奶，这种包装更能保持牛奶的新鲜度和美味。

4. 家庭如何鉴别牛奶品质

牛奶买回家，怎么看牛奶好不好呢？孙树侠也有几个小窍门：

好牛奶，不挂杯：买回来的牛奶，不经加热，直接倒入干净的透明玻璃杯中，然后慢慢倾斜玻璃杯，如果有薄薄的奶膜留在杯子内壁，且用水冲洗的时候不挂杯，容易冲洗，那就是原料新鲜的牛奶。这样的奶

是在产出后短时间内就送到加工厂，而且细菌总数很低。如果玻璃杯上的奶膜不均匀，甚至有肉眼可见的小颗粒挂在杯壁，且不易清洗，那就说明牛奶不够新鲜。

滴奶辨质：在装有冷水的碗里，滴几滴牛奶。奶汁凝固沉底者为质量较好的牛奶，浮散的则说明质量欠佳。

看奶皮，辨质量：观察牛奶煮开冷却后表面的奶皮，表面结有完整奶皮的是好奶，表面奶皮呈豆腐花状的，则是质量不好的奶，甚至是已经变质了的牛奶。

我们的牛奶差在哪

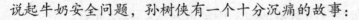

说起牛奶安全问题，孙树侠有一个十分沉痛的故事：

有一年，她去北欧考察的时候，到当地非常有名的一家牛奶厂参观。想到国内牛奶在是否掺水的检测方面技术不够过关，她就问人家：

"你们这里的牛奶要是加水的话，怎么能测出来？"

人家一愣，反问她："牛奶为什么要加水？"

孙树侠顿时一句话都说不出来。她说，这就是差距。在人家的体制下，牛奶不仅不加水，而且只要一个厂家任何一瓶牛奶检出质量问题，就一辈子没有翻身的机会，再也不能从事牛奶生产。

"人家的奶，从牧场里运回来，经过消毒之后直接就包装出厂"，孙树侠不无感慨地说，"喝人家一口奶，那叫一个香，喝我们的奶就是不一样"。

除了生产过程，奶牛的饲料质量也是导致我国牛奶品质不好的重要原因之一，电视上牛奶广告里看到的风吹草低见牛羊，在现实的奶业生产中是很少存在的。

为了解决牛奶的安全和品质问题，孙树侠曾给国家有关部门提议"公寓式养牛"，就是由国家把奶牛都集中起来喂养，从饲料、卫生、添加剂等各个方面控制好奶源。

如果孙树侠的建议真的能付诸实践，那我们对牛奶的担忧当是可以大大减少了。当然，从现状出发，这还需要一个长期的过程。

5. 牛奶好，还是豆浆好

各种各样的牛奶质量问题，让本来将牛奶视作瑰宝的国人觉得"伤不起"，甚至不得不 "另谋出路"，寻找其他食品来代替牛奶，因此豆浆就越来越被人们所重视。

孙树侠说，经常有人问她："喝牛奶好还是喝豆浆好？"在这里，她就给大家一个明确的回答：**牛奶和豆浆所含的营养成分不一样，很难简单地比较优劣。**

牛奶的营养价值咱们前面谈过了，**豆浆又有哪些营养成分呢？**

豆浆中的蛋白质含量高达2.56%，比牛奶还要高，并且为优质植物蛋白；

豆浆还富含钙、磷、铁等矿物质，铁的含量是牛奶的25倍；

豆浆中不含胆固醇与乳糖，牛奶中含有乳糖，乳糖要在乳糖酶的作用下才能分解被人体吸收，但我国多数人缺乏乳糖酶——乳糖耐受不良，这也是很多人喝牛奶会腹胀、腹泻的主要原因。

另外，豆浆中所含的丰富的不饱和脂肪酸、大豆皂苷、异黄酮、卵磷脂等几十种对人体有益的物质，具有降低人体胆固醇，防止高血压、冠心病、糖尿病等多种疾病的功效，还具有增强免疫力、延缓肌体衰老

牛奶好还是豆浆好

的功能。

可见，牛奶和豆浆在营养成分上不但难分伯仲，而且很有互补之处，因此**孙树侠给大家的建议是：早上喝豆浆，晚上喝牛奶**，因为牛奶还具有安神助眠的功效。

（二）酸奶及奶制品

1. 酸奶好处知多少

每次去超市，都会发现冷柜里满满的几排都是酸奶，什么原味酸奶、果味酸奶、五谷酸奶等，最近最火的是老酸奶，青海老酸奶、北京老酸奶、内蒙古老酸奶、新疆老酸奶，让人眼花缭乱。

我们前面说过牛奶，说过豆浆，那么酸奶有哪些优点呢？它和牛奶又有哪些不同呢？

（1）酸奶比牛奶更易吸收

酸奶是由牛奶发酵制成的。就像面粉发酵制成馒头就容易被人体吸收一样，酸奶也比牛奶更好被人体吸收。发酵使得牛奶中的乳糖和蛋白质分解，并且提高了牛奶中的脂肪酸含量。所以，即使有乳糖耐受不良的人，吃酸奶也不会发生腹胀、产气等情况。

（2）酸奶是钙的优质来源

我们都知道，鲜奶中钙的含量十分丰富，而经过发酵后，钙等矿物质都不发生变化，但发酵后产生的乳酸，可有效地提高钙、磷在人体中的利用率，所以酸奶中的钙、磷更容易被人体吸收。由于酸奶对于原料奶的要求很高，质量不好的牛奶做不成酸奶，所以酸奶的营养价值往往比鲜奶更高。

（3）酸奶中的乳酸菌具有非常显著的保健效果

乳酸菌可以维护肠道菌群生态平衡，形成生物屏障，抑制有害菌对肠道的入侵，还可以通过产生大量的短链脂肪酸促进肠道蠕动，促进有益菌体大量生长，改变渗透压而防止便秘。要特别提醒大家的是，酸奶不宜空腹饮用。因为乳酸菌适宜生长的pH在5.4左右，而人空腹时胃液的pH在2左右，比酸奶还要酸很多，所以乳酸菌一进入胃中就被杀死了，保健作用会大打折扣。

（4）酸奶具有降低胆固醇的作用，特别适宜高血脂的人饮用

酸奶中含有胆固醇还原酶的活性物质，可以起到抑制肠道腐败菌的生长，抑制体内胆固醇的合成，降低血脂。

选购酸奶应注意增稠剂含量

有些酸奶口感好，喝起来味道醇厚，并不是因为品质好，纯度高，而是因为添加了比较大量的增稠剂。而增稠剂是淀粉水解产生的糊精、改性淀粉，这类增稠剂含糖量高，会导致血糖升高。

2. 注意：乳酸菌饮料不是酸奶

酸奶好处多多，许多人都知道。孙树侠说，在超市里，她经常看到这样的场景：孩子挑了一大堆五花八门的"酸奶"，什么酸酸乳啦、优酸乳啦之类，家长在一旁特别开心，觉得酸奶嘛，对身体有好处的，孩子愿意喝当然好。

但是很多人不知道的是，这些酸酸乳、优酸乳之类，很多都并不是酸奶，而是乳酸菌饮料，它们的效用和营养与酸奶比起来也要大打折扣。所以大家在选购的时候一定要注意，不要把乳酸菌饮料误作酸奶买回家。

酸奶和乳制品饮料的区别

（1）仔细看包装。现在商家太狡猾了，他们为了混淆与酸奶的区别，乳制品饮料一般会在大大的"××奶""××乳"下面，印一个小小的"饮料"或者"饮品"字样，消费者一定要擦亮眼睛，仔细看清楚。

（2）看蛋白质含量。酸奶的蛋白质含量应该在2.9%以上，而乳制品饮料蛋白质含量较低。

（3）看配料表。乳制品饮料牛奶的含量比较少，所以在配料表中含量最多的一般是水，第二位才是牛奶。

二、酒类安全养生指南

（一）假葡萄酒也能傍名牌

本书撰稿人的朋友搞家庭聚会，买了一瓶葡萄酒，200多块钱，这个价位，普通人家里喝算不便宜的了。一家人说说笑笑的，本来很开心，结果喝到后面，忽然发现这葡萄酒差不多有小半瓶是混浊的，于是就去找卖酒的商店，要求退货。结果销售人员指着标签上的"允许有少量沉淀物"说，你们看，这是正常现象。

哥几个当时就傻了眼，退不了，又喝不下，只好给扔了。本来挺开心的家庭聚会，因为这瓶酒弄得十分扫兴。

这件事反映了很多人的困惑。葡萄酒这个东西不是咱中国原有的，都是跟西方人学的，所以有人管葡萄酒叫洋酒不是？因为是洋玩意，所以很多人不太了解葡萄酒，不了解葡萄酒的口感、品味，更不会选购鉴别葡萄酒。这就给了想牟取暴利的人可乘之机。

2010年12月，媒体曝光了河北昌黎的假葡萄酒生产"一条龙"事件。这儿生产的葡萄酒，全部都是用自来水、酒精、色素、香精勾兑而成，根本一滴葡萄原汁都不含，成本就是几毛钱，出厂价也不过几块钱，再包装一下——有印刷厂专门负责仿造国内外多个知名酒厂的商标，仿真度达95%以上，普通消费者根本无法辨别。

这些劣质酒贴上标签，就"乌鸡变凤凰"，成了高档的名牌酒，摆上了超市的货架，上了百姓的餐桌。这种劣质酒制作环境十分恶劣，根本谈不上什么卫生，细菌超标当然是难免，更严重的是，劣质酒中含有多种添加剂——这些廉价的化学添加剂多半是有毒、有害、国家禁止使用的，警方查获的一批劣质酒中，甚至含有硫酸成分。

（二）怎样选购优质葡萄酒

葡萄酒的真假怎么辨别呢？孙树侠的口诀是：看一看，闻一闻，加点碱面、白醋看变化，倒在纸巾上辨真假。

饮食安全指南

假葡萄酒也能傍名牌

看一看：优质酒应当澄清、透明、无混浊和沉淀但液体并不稀薄，而是比较醇厚，接近原品种果实的真实色泽。

闻一闻：这时候一定要注意了，并不是闻起来很香的葡萄酒就好，其实真正用葡萄原汁制作的葡萄酒，闻起来会略微有点酸味，反而是劣质白酒因为添加了香精和甜味剂，闻起来格外的香。

靠这两招还远远不够。咱们经常接触的葡萄酒，一是饭店里的，二是咱们自己买回家的，孙树侠就按这个思路，兵分两路教大家几招。

加点碱面、白醋看变化：自己买回家的葡萄酒想要辨清真假，要用上家里常用的碱面和白醋。取一点葡萄酒倒入杯子里，往杯子里加一点碱面，如果葡萄酒变成了不透明的蓝黑色甚至黑色，那么就是真葡萄酒，如果没有发生任何变化，那肯定就是假葡萄酒。

如果还不放心，可以再在变成蓝黑色的葡萄酒中加一点醋，蓝黑色的葡萄酒就又会变成原来的颜色了。不过要注意，加醋的时候要和加入的碱面的量相当，要不就会影响颜色还原的效果。

倒在纸巾上辨真假：在饭店里又如何辨别葡萄酒的真假呢？不用着急，也有一个简单的办法。取一点葡萄酒，倒在餐巾纸上，由于原汁葡萄酒中的红色是天然色素，颗粒非常小，在纸巾上扩散开的痕迹是均匀的红色，没有明显的水迹扩散。而劣质假冒葡萄酒由于是用苋菜红等化工合成色素勾兑而成的，色素颗粒大，会沉淀在餐巾纸的中间，而水迹不断往外扩散，红色区域跟水迹之间分界明显，这个简单的办法也可以辨别真假葡萄酒。

但有一点要注意，测试中使用的纸巾一定要质地好，要是纸巾本身质地不均匀就会影响到酒的扩散，检测结果也会受到影响。

家庭轻松自制葡萄酒

其实，我们也可以在家里自己制作葡萄酒，很多朋友都是自己来酿葡萄酒，不但味道好，喝着也放心，更可以分送亲友。下面孙树侠教给大家简易制作方法：

第一步：买葡萄。

选购葡萄时，可以挑选一些熟透的葡萄，这样的葡萄比较容易发酵，而且商家急于出手，价位也较低。

第二步：洗葡萄。

一定要将葡萄反复洗净，否则葡萄酒会坏掉。

第三步：晾干。

把葡萄盛在能漏水的容器当中晾放，等葡萄表面没有水珠就可以倒入酒坛了。

第四步：选择容器。

酒坛子可以是陶瓷罐子，也可以是玻璃瓶，但不主张用塑料容器，因为塑料可能与酒精发生化学反应并产生一些有毒物质，危害人体健康。

第五步：放入酒坛。

双手洗净后，将葡萄捏碎并放入酒坛中，再把糖放在葡萄上面，葡萄和糖的比例是10：3，即10斤葡萄放3斤糖，有低糖需要的朋友，可以放2斤，但不能不放，因为只有加糖葡萄才能够发酵。

第六步：密封保存。

加封后，酒坛子需放在阴凉处保存，平时不要随意翻动或打开。可以用二十层以上的纱布裹住瓶口处，既密封也不至于因为发酵过度而令瓶子爆裂。

第七步：启封喝酒。

天热时，葡萄发酵时间需要20—30天，启封后，捞出浮在上面的葡萄皮，就可以直接喝葡萄酒了。如果喜欢酒劲足一点，只需延迟启封时间就行了。启封后，每一次舀出葡萄酒后，别忘盖好酒坛的盖子，以免酒味挥发。

好了，就是这么简单，安全、绿色、环保的家庭自制葡萄酒就做好了，这样做的葡萄酒，喝起来一定很放心的！

三、茶叶安全养生指南

（一）中老年人的最佳饮料

大家都知道虎门销烟的民族英雄林则徐，但很少人知道，林则徐还说过这样的话："大黄、茶叶、湖丝等类，皆中国宝贵之产。外国若不得此，即无以为命。"

现在看来，这当然是个笑话了，外国人不喝茶，肯定不会没命，大黄和丝绸就更不是关乎生死的事了。但是，林则徐为什么会有这种观点呢？因为茶叶有非常高的保健价值。

我国自古就是茶的国度，上至达官贵人，下至平民百姓，鲜有不饮茶的。所以林则徐也以此类推，认为外国人也必须要饮茶。不过现代科学证实，茶叶确实有很强的保健功效。茶叶品种繁多，营养成分也不尽相同，但就大多数茶叶而言，饮茶至少有下面这些好处：

（1）茶能使人精神振奋，增强思维和记忆能力。

（2）茶能消除疲劳，促进新陈代谢，并有维持心脏、血管、胃肠等正常机能的作用。

（3）饮茶对预防龋齿有很大好处。英国的一次调查表明，儿童经常饮茶龋齿可减少60%。

（4）茶叶含有蛋白质、脂肪、10多种维生素，还有茶多酚、咖啡碱和脂多糖等近300种成分，其中不少是对人体有益的微量元素。

（5）茶叶有抑制恶性肿瘤的作用，饮茶能明显地抑制癌细胞的生长。

（6）饮茶能抑制细胞衰老，使人延年益寿。茶叶的抗老化作用是维生素E的18倍以上。

（7）饮茶能延缓和防止血管内膜脂质斑块形成，防止动脉硬化、高血压和脑血栓。

（8）饮茶有良好的减肥和美容效果，特别是乌龙茶对此效果尤为明显。

茶——中老年人的最佳饮料

（9）茶叶所含鞣酸能杀灭多种细菌，故能防治口腔炎、咽喉炎，以及夏季易发生的肠炎、痢疾等。

（10）饮茶能保护人的造血机能。茶叶中含有防辐射物质，边看电视边喝茶，能减少电视辐射的危害，并能保护视力。

（11）饮茶能维持血液的正常酸碱平衡。茶叶含咖啡碱、茶碱、可可碱、黄嘌呤等生物碱物质，是一种优良的碱性饮料。茶水能在体内迅速被吸收和氧化，产生浓度较高的碱性代谢产物，从而能及时中和血液中的酸性代谢产物。

（12）防暑降温。饮热茶9分钟后，皮肤温度下降1—2℃，使人感到凉爽，而饮冷饮后皮肤温度下降不明显。

正因为茶叶有如此多的好处，世界卫生组织调查了许多国家的饮料优劣情况，最终认为：茶为中老年人的最佳饮料。

（二）喝茶禁忌多，请您务必牢记

1. 喝茶要看体质

前面说了那么多喝茶的好处，那么是不是只要喝茶，都对人的身体有好处呢？不是的。

孙树侠说，她有位姓于的女性朋友，每次大家一起出去吃饭，大家都要喝茶，唯独她不要，因为据她自己说，她一喝茶，不但睡不着觉，而且还会拉肚子。

她的症状听起来少见，其实并不奇怪。中医认为人的体质有寒、热之别，而不同的茶叶经过不同的制作工艺也有凉性及温性之分，所以体质各异的人，饮茶也要有讲究。燥热体质的人，应喝凉性茶；虚寒体质的人，应喝温性茶。

像刚才说到的这位于女士，她就属于阳虚体质，再喝了属于凉性的茶，比如绿茶，就可能会拉肚子。

2. 喝茶还要看节令

四季节令不同，我们的饮食起居都要进行相应的改变，不单穿衣如此，喝茶也是一样。

春季宜喝花茶，花茶可以散发一冬淤积于体内的寒邪，促进人体阳气生发。夏季宜喝绿茶，绿茶性味苦寒，能清热、消暑、解毒、增强肠胃功能、促进消化、防止腹泻、皮肤疮疖感染等。秋季宜喝青茶（乌龙茶），青茶不寒不热，能彻底消除体内的余热，使人神清气爽。冬季宜喝红茶，红茶味甘性温，含丰富的蛋白质，有一定滋补功能。

当然，根据节令调整喝茶，前提还是建立在前面说过的个人体质之上的。

3. 晚上最好喝红茶

我们最近常喝的绿茶属于不发酵茶，茶多酚含量较高，并保持了其原始的性质，刺激性比较强。红茶是全发酵茶，茶多酚含量虽然少，但经过"熟化"过程，刺激性弱，较为平缓温和，适合晚间饮用。尤其对脾胃虚弱的人来说，喝红茶时加点奶，可以起到一定的温胃作用，对胃是大有好处的。

4. "新茶"并不好

每年清明前后，是茶叶上市的季节，茶商都会叫卖新茶。其实新茶并不好。由于新茶存放时间短，含有较多的未经氧化的多酚类、醛类及醇类等物质，对人的胃肠黏膜有较强的刺激作用，易诱发胃病。所以新茶宜少喝，存放不足半个月的新茶更应忌喝。

喝茶禁忌多，请您务必牢记

5. 勤洗茶具很重要

孙树侠说，她注意到很多喝茶的人，茶杯上都是厚厚的一层茶垢，特别是一些不太讲究的老人，他们喝茶不用茶壶，都是杯子直接泡，久而久之，茶杯的颜色甚至都看不出来了。这对身体是很有害处的。

有关研究提出，茶垢含镉、铅、铁、砷、汞等多种重金属物质，饮茶时它们会被带入人体，与食物中的蛋白质、脂肪和维生素等营养化合，生成难溶的沉淀物，阻碍营养的吸收。这些氧化物还会引起人体神经、消化、泌尿造血系统病变和功能紊乱，尤其是砷、镉可致癌，引起胎儿畸形。

所以，有饮茶习惯的人，应经常清洗茶具内壁的茶垢。

（三）如何选购优质茶叶

选购茶叶是一个大话题，茶叶种类繁多不说，还包含着深厚的文化底蕴，只怕是厚厚的几本书也写不完。在这里，我们仅仅非常笼统地介绍一下，一个普通消费者怎么能选购到价廉物美的茶叶。

选购茶叶要五步走：一看色泽、二观外形、三闻香气、四品茶味、五捏干湿。

1. 看色泽

好茶色泽一般都较清新悦目，简单来说就是两个字，一个鲜，一个润。如果茶叶看起来色泽发枯发暗甚至于发褐，表明茶叶内质有不同程度的氧化，那就是陈茶了；如果茶叶片上有焦点、或者黑色斑点，或者是叶边缘为焦边，说明不好，不是好茶；如果茶叶色泽掺杂，有深有浅，说明茶叶中掺有陈茶或者劣质茶。

如何选购优质茶叶

2. 观外形

各种茶叶都有特定的外形特征，有的像银针有的像雀舌，名优茶更是有各自独特的形状。

一般来说，从茶的外形上看，大小、粗细、长短均匀者为上品，外形杂乱，甚至有茶梗、茶籽者为下品。不管是片状、条形还是颗粒状的茶，都以饱满、结实为上品。

3. 闻香气

茶有茶香，好茶则香味更浓。口嚼或者冲泡时，略有甜香味的是上品，如果闻不到茶香，甚至闻到一股青涩味、粗老味、焦煳味，那就不是好茶了。

4. 品茶味

好茶入口后浓醇爽口，在口中留有甘味者最好。通常我们取少量样本冲泡观察，好的绿茶，茶色碧绿，味道先略有苦涩，回口浓香甘醇。

5. 捏干湿

用手指捏一捏茶叶，可以判断茶的干湿程度。茶要耐贮存，必须要足干。受潮的茶叶含水量都较高，不仅会严重影响茶水的色、香、味，而且易发霉变质。

所以我们一般可以取一二片茶叶用大拇指和食指稍微用劲捏一捏，能捏成粉末的是足干的茶叶，可以买；若捏不成粉末状，说明茶叶已受潮，含水量较高，这种茶容易变质，不宜购买。

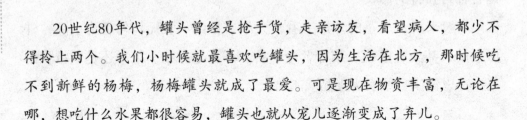

为罐头食品正名

20世纪80年代，罐头曾经是抢手货，走亲访友，看望病人，都少不得拎上两个。我们小时候就最喜欢吃罐头，因为生活在北方，那时候吃不到新鲜的杨梅，杨梅罐头就成了最爱。可是现在物资丰富，无论在哪，想吃什么水果都很容易，罐头也就从宠儿逐渐变成了弃儿。

其实很多人都对罐头食品存在着误区。孙树侠说，她看到过很多妈妈，对看着荔枝罐头、樱桃罐头垂涎不已的孩子说："妈妈给你买新鲜水果吃，罐头里都有好多防腐剂，吃了对身体不好。"罐头里有大量的防腐剂，这仿佛是板上钉钉的事儿，要不然罐头怎么能保存这么久不变质呢？

殊不知，罐头真是比窦娥还冤。

其实，罐头食品自发明以来，已经有200年的历史，一直被认为是最安全的食品保存方法之一。所以，欧美国家罐头食品有着很高的消费量，被人们誉为集安全、健康、营养和风味诸多魅力于一身的食品。可是在中国，由于大家对于食品安全问题的种种担忧，罐头承担了众多不属于它的罪名。

翻案一：罐头不含防腐剂

罐藏技术的发明者是法国科学家阿培尔。早在1810年，他就提出了食品经过排气、密封或杀菌就可以长期保存和不腐败。这就是罐藏方法的科学原理。经过百年的发展，罐藏技术日臻完美，罐头食品被认为是人类最方便、最安全和卫生的食品之一。因此，罐头食品不需要添加任何防腐剂，就能达到长期保存的目的。

翻案二：罐头食品既安全又卫生

罐头通常分为软罐头（铝箔材料）和硬罐头（马口铁罐和玻璃瓶罐），制造容器的材料都是无毒、无味，具有良好的稳定性和密封性。下底盖使用高密封性能的填充橡胶，因此，制成罐头食品后可以做到完全密封。

食品装入容器后抽出空气形成真空，密封使外部细菌再也无法进入，将内部残存的细菌杀死。食物在真空和无菌状态下，可以最大限度地保存色、香、味，并较长时间保藏。

所以，下次在超市见到罐头的时候，不要犹豫，来一罐吧！卸下负担，回忆一下当年的好味道，你会觉得它更美味。

（本节部分内容引自福建省食品安全咨询服务网http://www.fujian-foodsafe.gov.cn/article.asp?nameid=11&upperid=12&articleid=17637）

为罐头食品正名

四、蜜制品安全养生指南

（一）晨起一杯蜂蜜水，想要多美有多美

关于蜂蜜最有名的故事，怕要数埃及法老墓中的千年蜂蜜了。1913年，美国考古学家在埃及金字塔内挖掘出有3300年历史的古老瓦瓮，里边藏着许多蜂蜜，丝毫没有变质，至今仍可食用。

其实，这个秘密不光埃及人知道，一些古老的民族，例如斯里兰卡、希腊和罗马人，都曾用蜂蜜腌渍肉类等食品，不但能防腐，更能保持食品的美味。而现在，蜂蜜已经成为家家户户的饮品和营养品，那么蜂蜜究竟对人体有哪些好处呢？

1. 蜂蜜可以护肤美容

蜂蜜中含有多种营养物质，又很黏稠，新鲜蜂蜜涂在脸上，可以起到面膜的作用，增加肌肤水分，使皮肤细腻、光滑有弹性。爱美的女士可以尝试便宜有效的纯天然蜂蜜面膜：用蜂蜜加2—3倍水稀释后，每天涂敷面部。也可用麦片、蛋白加蜂蜜，制成面膜敷面，使用时按摩面部10分钟，让蜂蜜的营养成分渗透到皮肤细胞中。

2. 蜂蜜可以润肠通便，促进消化

研究证明，蜂蜜对胃肠功能有调节作用，可使胃酸分泌正常。动物实验证实，蜂蜜有增强肠蠕动的作用，可显著缩短排便时间。蜂蜜对结

晨起一杯蜂蜜水，想要多美有多美

肠炎、习惯性便秘有良好功效，且无任何副作用。患胃十二指肠溃疡的人，常服用蜂蜜，也有辅助作用。

我们天天在公交上听到的广告"清宿便，排肠毒，润肠道"，其实只要每天早上起来，空腹喝一杯蜂蜜水，就可以实现"排除毒素，一身轻松"，所以有营养学家说："晨起一杯蜂蜜水，想要多美有多美。"

3. 蜂蜜可以抗菌消炎，促进组织再生

为什么法老墓中的蜂蜜能够千年不坏呢？因为蜂蜜对链球菌、葡萄球菌、白喉杆菌等革兰阳性菌有较强的抑制作用。所以，在处理伤口时，将蜂蜜涂于患处，可减少血渗出，减轻疼痛，促进伤口愈合，防止感染。

4. 饮用蜂蜜可以提高免疫力

蜂蜜中含有多种酶和矿物质，发生协同作用后，可以提高人体免疫力。国外常用蜂蜜治疗感冒、咽喉炎，方法是用一杯水，加2匙蜂蜜、

1/4匙鲜柠檬汁，每天服用3—4杯。

5. 饮用蜂蜜可以保护心血管

蜂蜜有扩张冠状动脉和营养心肌的作用，改善心肌功能，对血压有调节作用。心脏病患者，每天服用50—140克蜂蜜，1—2个月内病情可以改善。高血压患者，每天早晚各饮一杯蜂蜜水，也有益健康。动脉硬化症患者常吃蜂蜜，有保护血管和降血压的作用。

6. 饮用蜂蜜可以改善睡眠

蜂蜜可缓解神经紧张，促进睡眠，并有一定的止痛作用。蜂蜜中的葡萄糖、维生素、镁、磷、钙等能够调节神经系统，促进睡眠。神经衰弱者，每晚睡前一匙蜂蜜，可以改善睡眠。采自苹果花的苹果蜜的镇静功效较为突出。

蜂蜜的好处还远远不止这些，长期服用蜂蜜甚至可以使人长寿。苏联学者曾调查了200多名百岁以上的老人，其中有143人为养蜂人，证实他们长寿与常吃蜂蜜有关。

花与蜂

（二）如何选购优质蜂蜜

2010年11月14日，央视的《每周质量报告》栏目做了一期名为"甜蜜的谎言"的专题节目，揭露蜂蜜掺假的问题。

在这期节目里，记者走访了一家联华超市，发现有些蜂蜜的价格差别很大。同样标称"洋槐蜜"，有的卖30多元一斤；而其中一种号称"联华自有品牌"的洋槐蜜，只要13元一斤，而这个价格，远远低于蜂蜜的成本价格。

记者经过明察暗访发现，这种蜂蜜至少掺入了60%价格比较低廉的油菜花蜂蜜，还另外加入了30%—40%大米制成的果糖。

所以蜂蜜虽好，大家在选购的时候一定要注意辨别。

首先是一定要分清楚蜂蜜和蜂蜜制品。

蜂蜜和蜂蜜制品的区别，就如同酸奶和乳酸菌饮料的不同。在超市的货架上，我们很容易被各种各样的功能蜂蜜搞得眼花缭乱，什么儿童蜂蜜、老人蜂蜜、加钙蜂蜜等。

但您可能不知道，这些所谓的功能蜂蜜其实并不是蜂蜜，而是蜂蜜制品。2011年4月新发布的《食品安全国家标准·蜂蜜》规定，蜂蜜中添加任何淀粉类、糖类、微量元素、增稠剂等物质，都只能称为蜂蜜制品。换言之，只要是蜂蜜制品，就有可能添加了其他成分，而并非纯正的蜂蜜。

《新京报》援引一位不愿透露姓名的蜜业有限公司董事长的话说："所谓的蜂蜜膏、蜂蜜乳、女人蜂蜜、中老年蜂蜜，有的标明蜂蜜含量大于90%，但实际上纯蜂蜜含量10%都不到。"

如何鉴别蜂蜜的质量

要鉴别蜂蜜的质量，我们可以用下面一些简单的方法：

（1）**看质地**。如果蜂蜜不黏稠，晃动起来像水一样，就不是纯正的好蜂蜜。好蜂蜜质地稠厚，将蜂蜜瓶倒置会看见一个饱满的球状气泡慢慢升起来。

（2）**看颜色**。掺有糖的蜂蜜其透明度较差，不清亮，呈混浊状，花香味亦差。掺红糖的蜂蜜颜色显深，掺白糖的蜂蜜颜色浅白。

（3）**拉长丝**。用筷子挑起蜂蜜能拉成长丝的，且丝断会自动回缩呈球状者为上品。

（4）**滴白纸**。将蜂蜜滴在白纸上，如果蜂蜜渐渐渗开，说明掺有蔗糖和水。

（5）**加水煮**。有面粉、淀粉或玉米粉的蜂蜜，色泽较混浊，味道也不够甜。将少量蜂蜜放入杯中，加适量水煮沸，待冷却后滴入几滴黄酒摇匀，如果溶液变成蓝色或红色、紫色，说明蜂蜜中掺有淀粉类物质。

（6）**铁丝试**。用烧红的铁丝插入蜂蜜中，如果铁丝上附有黏物，说明蜂蜜中有杂质。如果铁丝上仍很光滑说明没有杂质。

方便面的功与过

大多数人对方便面有不好的印象："好吃，没营养，能不吃就不

吃。"方便面究竟有哪些罪过？为什么大家觉得它十恶不赦？这还要从方便面的制作工艺说起。

打开方便面的包装，我们能看到的就是面饼和两三个料包。

面饼就是普通的面条，然后用油快速炸制，脱去表面附着的油脂。料包一般是三个：一是液态调味油包，或者加了不少动物油的酱包；二是盐和调味剂组成的粉包；三是一丁点儿脱水蔬菜。

所以，方便面的营养价值，就等于面饼加料包的营养价值。

面饼实际上就是面粉加上油脂，你可以把它想象成一个欠火候的炸油饼，只是煎炸温度较低，时间较短，颜色较白，丙烯酰胺等有害物质较少，营养损失也少一些。面饼中所含油脂通常在16%—20%，蛋白质含量不超过10%，其余的就是淀粉了。

此外还含有十分少量B族维生素和矿物质，它们来自于面粉，而这些成分在油炸的过程中又大量损失，也就是说，从营养价值来说，方便面的面饼低于馒头烙饼之类的普通面食，而油脂则要高得多。

那么料包呢？料包里的第一大成分就是脂肪。如果是酱包，油脂含量超过50%。

吃过方便面的人都知道，正常温度下酱包都是结块的状态，正是因为其中含有很高比例的饱和脂肪。如果是油包，则通常是95%以上的脂肪，只是以不饱和脂肪为主。粉包当中，则毫无例外地含有过多的盐分，还有大量的鲜味剂。一点点的脱水蔬菜或肉粒等，只能作为颜色的点缀，起不了明显的营养作用。

根据方便面的营养成分，我们就可以大概给方便面下一个判决书了：

方便面的"过"：

1. 方便面实际上只是一种加了油加了盐的主食，食物类别非常之单调。那些琳琅满目的味道，不管是牛肉的、鸡肉的还是海鲜的，全部来自于调味剂，不能替代蔬菜、水果、肉类、蛋类、奶类等多种食品的营养。

2. 如果用方便面作为一餐中的全部食物，那么用合理膳食的标准来评价，其中脂肪成分过多，蛋白质成分过低。如果经常用方便面打发一餐，将会造成营养不平衡和多种微量营养素缺乏的问题。

曾经有位大学生，因为觉得冬天天气寒冷，加之期末考试复习繁忙，所以不愿意出门，在差不多一个月的时间里，顿顿吃方便面，结果吃得面黄肌瘦不说，还患上了胃病。

但是如果由此就将方便面判定为"十恶不赦"，还是有些以偏概全了，方便面还是有"功"的。

方便面的"功"：

方便面是良好的能量食品，在同样的重量下，可以提供比馒头米饭更多的热量和脂肪。在一些紧急情况下，如旅途、野外、救灾或抢险等场合，方便面可以暂时给人们补充能量。

但总的来说，方便面还是过大于功的。

孙树侠教你这样吃方便面：

总之，方便面还是不能够作为普通主食来天天吃的。如果有特殊情况需要吃方便面，孙树侠建议您最好这样吃：

1. 如果有条件能煮着吃，可随意加些蔬菜配料在里面，最后再打进一个蛋，那么营养就丰富很多了。

2. 泡方便面时最好把汤倒掉，再兑上开水或别的汤；而且，最好不要把调味品全部放入，只要放一半，否则盐分、油分摄入太多，不利健康。

方便面的功与过

3．方便面只适于救急，一天最多吃一次，可不能天天吃，更不能餐餐吃。

4．经常吃方便面的人，平时每天应增加鸡蛋1—2个，或蛋糕2—4块，新鲜瓜果(苹果、梨、番茄、黄瓜等)2—4个，牛奶1杯或肉类100克。这样才能满足人体营养摄取要求。

五、饮料的安全养生指南

（一）功能饮料不是人体必需

"困了，累了，喝红牛！"这句家喻户晓的红牛广告词简明扼要地点出了功能饮料大哥大红牛的作用。喝过的人也都知道，熬夜、旅途疲惫的时候来上1罐红牛，确实能有提神解乏的功效。但可能令很多人没想到的是，功能饮料背后也可能有健康隐忧。

据英国相关媒体报道，因经常上夜班，当地一名40岁男子阿尔弗雷多·杜兰每晚至少喝4罐红牛提神。今年4月底，他喝完后却突然猝死。而死亡报告显示，杜兰心脏肥大，死因可能与每晚摄入过量红牛有关。

杜兰的死引起了轩然大波，功能饮料究竟该不该喝，怎样喝才是安全的?

孙树侠说，营养学界普遍认为，红牛类功能饮料主要成分是牛磺酸和咖啡因等，既不是植物化学物，也不是营养素或人体所必需物质，普通人群，根本没必要摄入。

以咖啡因为例，地球人都知道，咖啡因是兴奋剂。事实上，250毫克咖啡因就可能导致过度兴奋。功能饮料中咖啡因的主要作用是促进脂肪分解，缓解人们运动后的肌肉酸痛，使人不易疲劳。对于工作繁忙甚至熬夜加班的人群，在摄取200毫克以内，可帮助提神。

但是，一旦过量摄入，将通过人体各组织器官，刺激中枢神经，引起系列效应，如加快排尿，出现脱水；心跳加快，血压升高，诱发失眠等。

所以，正常人群如果选择饮用这类功能饮料，一定要认真遵守厂家的推荐用量，如红牛，以每天两罐以内为宜。而高血压、心脏病患者对功能饮料最好忌口，因为除咖啡因对心脏的刺激，牛磺酸对人体中枢神经的刺激，其钠、钾元素还可能增加机体负担，导致血压升高。

同时，糖尿病人、肥胖人群、咖啡因过敏人士、老人、儿童和孕妇、哺乳期妇女也不宜饮用。

总而言之，功能饮料不是恶魔，但也不是万能的天使，大家最好遵循欧盟食品科学委员会对消费者的建议：认真读商标；不能过量饮用；别与烟酒同饮；锻炼过程中喝运动饮料的同时，也要喝白开水。

（本专题内容部分引自新闻湖北，网址：http://news.cnhubei.com/xwhbyw/xwwc/200805/t313735.shtml）

（二）给你的孩子喝健康饮料

家住北京朝阳区的小文，有一个7岁的小儿子，儿子帅气可爱，聪明伶俐，人见人夸，小文也很为他骄傲和自豪。可是一到夏天，小文可发愁了。夏天天气热，人体需水量大，每次带着儿子出门，儿子都会嚷嚷着渴，给他带水也不爱喝，觉得没味道不好喝，就要喝饮料。小文觉得饮料不健康，不想给孩子喝，可是又拗不过孩子又吵又闹，孩子还说了"别的小朋友都喝！"

每次一出门，"饮料"就成了小文最头疼的问题。很多家长恐怕都有同样的问题，饮料到底该不该喝？为什么不健康？

孙树侠告诉大家，饮料确实少喝为妙，特别是不能当水喝，因为饮料有着显而易见的缺点，不应经常饮用：

（1）饮料中含有大量的糖分，容易让人发胖，饭前喝饮料还会产生饱腹感，影响食欲，还容易让孩子患上龋齿。

（2）碳酸类饮料中含有的碳酸氢钠会中和胃酸，影响消化。

（3）花花绿绿的饮料为了颜色好看，大多添加了色素，为了口感，还添加了许多添加剂，这些添加剂大多对人体都是没有好处的。

看来饮料的问题还真是不少，可是爱吃甜食是孩子的天性，家长应该怎么做呢？其实，有一些简便易行的方法——我们在家自制健康饮料给孩子喝。

（三）家庭自制健康茶饮料

1. 自制市场最火茶饮料步骤

现在市场上卖得最火的就是各种茶饮料了，其实这个做法非常的简单，在家自己分分钟就能搞定，步骤如下：

（1）茶叶或者茶包泡水。

（2）加入蜂蜜或者白糖，最好是蜂蜜，健康有营养不长胖。

（3）加入一片柠檬干。

（4）稍微泡一会，晾凉。

就这么简单，纯天然没有添加剂，而且可以根据自己口味调整甜度，味道非常像外面卖的绿茶饮料，甚至比外面卖的还好喝呢。算一

给你的孩子喝健康饮料

算，这样一瓶绿茶饮料的成本，大概就是几毛钱吧！

2. 自制美味奶茶步骤

奶茶本来是很健康的饮料，最初的奶茶就是奶+茶，英国贵族爱喝的下午茶，蒙古人民爱喝的奶茶都属于这一类。但是现在市面上各种奶茶店、饮品店卖的奶茶，大多数早就偷工减料，用植脂末代替了奶，又加入了各种香精，变成了准垃圾食品。其实自制健康奶茶也很简单，步骤如下：

（1）纯牛奶加热。

（2）将红茶包泡入热牛奶中。

（3）加入一勺炼乳调味，如果喜欢甜的，可以再加一点蜂蜜或者糖。

只需三步，是不是也很简单。

3. 自制"水溶C100"

水溶C100因为含有维生素，味道又酸甜适口，颇受消费者的青睐。这个也可以在家里自制哦！没想到吧？

（1）在热水中加入几颗水果糖，搅拌几下，让水果糖溶解。根据自己的爱好，喜欢什么味道就加什么味道，要是想做出类似"水溶C100"的味道，加柠檬糖就好。如果想要更天然的，那就用柠檬片泡水，加一些白糖，要不会很酸，因为维生素C和柠檬都是酸的。

（2）接下来，等热水放凉以后——水太热维生素C会流失，然后加入几片维生素C片，就是药房卖的，几块钱能买100片。

好啦，这样就得到了外观和口感都很像"水溶C100"的饮料，成本超低，而且可以保证维生素C含量。

4．自制水果奶昔

夏天天气炎热，不管小孩还是大人，都会想吃点凉的，其实奶昔也可以自己在家里做的，不过还是要提醒大家，不要贪凉，不能多吃。

（1）香蕉加上一杯鲜牛奶，倒入搅拌机中打碎，就是香浓的香蕉奶昔啦。

（2）任意水果+几块冰块+一杯鲜牛奶，倒入搅拌机中打碎，就是水果冰牛奶，喜欢吃什么水果就可以加什么水果，美味百搭，简单实用。

怎么样？有了这些健康又物美价廉的家庭自制饮料，你就不用为夏天的饮料问题发愁啦！

5．白开水对身体最有益

不过，孙树侠还是提醒大家，什么饮料也不能当水喝，白开水还是对身体最有益。白开水进入人体后能够立即发挥新陈代谢功能，有调节体温、输送养分及清洁身体内部的功能。科学家还发现，煮沸后自然冷却的凉开水最容易透过细胞膜促进新陈代谢，增进机体免疫功能，提高人体抗病能力。

六、鸡蛋的安全养生指南

（一）"假鸡蛋"，是真是假

2010年8月6日，国内著名论坛"铁血社区"出现了这样一个帖子，一位名叫飞翼天骄的网友，声称自己吃到了假鸡蛋，并贴出了许多假鸡蛋的图片，一时间引起轰动。

这位网友在帖子里这样写道：

> 我发现的问题鸡蛋，大概是一个星期前我在小区楼下中型超市里面买的（之前也在这里买的），白壳的，5元一斤，买回来一直放在冰箱里。昨天中午我做饭，磕破剩下的最后一个鸡蛋到碗里，哗啦全是稀的蛋黄流出来，蛋清是黄偏黑的像胶状的样子。我当时就想可能是时间长坏了，可很快我反应过来：不对！如果鸡蛋坏的话应该有臭味，反正之前我遇到的坏鸡蛋都是臭的，而这个鸡蛋是一点臭味都没有，一点特殊的味道也没有，当然最让我觉得不对的就是蛋清，怎么会变成像胶状一样的呢？

看来，这位网友真的是遇到了"假鸡蛋"。其实假鸡蛋的出现并不新鲜，早在几年前，国内媒体、香港媒体就争相揭秘过这种所谓的人造鸡蛋。而在山东郓城，还有一个自称是国内"蛋壳之父"，"第一个制造出人造鲜鸡蛋"的人，叫任永兴。

不管是记者揭秘的假鸡蛋制造技术，还是任永兴"自主研发"的这套技术，主要的原理基本上是一样的。这种人造鸡蛋不含任何营养成分，全部由化学品制成。主要成分有海藻酸钠、明矾、食用明胶等。

任某的制作过程是这样的：先做蛋壳，任某称作蛋壳是整个"造蛋"技术的关键：

将树脂、滑石粉、促进剂和固化剂加入一个模具中反复摇晃，大约10分钟左右，就可以做成一个几可乱真的蛋壳。

蛋壳做成以后，然后将用明胶、海藻酸钠、色素等制成的蛋黄、蛋清用针管注入蛋壳中，蛋清和蛋黄的成分基本上是一样的，蛋黄只是多加了色素。至此，一个假鸡蛋就大功告成了。

然而，2010年12月26日，中央电视台《焦点访谈》栏目播出了一期名为《假蛋真相》的节目。节目经过多方求证，证明了假鸡蛋技术是一个骗局，完全无法做出鸡蛋，即使有更高明的技术能制作成功，其生产成本也远高于一个真鸡蛋的成本，广大消费者完全不用担心！

不过，前有各媒体的报道为证，后有各地吃出假蛋的消息时时不绝于耳，这些"假鸡蛋"事件的真假，也成了一个"罗生门"，其中的是非曲直，很难有个公论了。

不过常言道，小心驶得万年船，不管假鸡蛋是否真的存在，别把不安全的东西吃进肚里才是硬道理。在下面的一节里，孙树侠就教大家几招选购优质鸡蛋的办法。

如何分辨真假鸡蛋

如何分辨真假鸡蛋

前面说到，不管市场上是否存在假鸡蛋，我们消费者擦亮自己的眼睛才是王道。现在就来教大家几招，看看真假鸡蛋怎么区分。

（1）假鸡蛋以白壳鸡蛋为多，现在曝光出来的假鸡蛋，基本上都是白壳的。假鸡蛋看起来蛋壳比真鸡蛋要亮一些，但是区别并不明显。比较简单的鉴别方法是，假鸡蛋的表面不会有真鸡蛋的气孔，只要把鸡蛋对着光仔细观察，就可以看出来。

（2）假鸡蛋在晃动时，水分会从凝固剂中溢出，所以会有声响——据有过上当受骗的人说，这条是最明显、最好辨别的。

（3）假鸡蛋的蛋清和蛋黄是同样的原料制成，只是蛋黄加了色素，所以鸡蛋打开不久，蛋黄和蛋清就会混在一起，而不是像真鸡蛋那样清和黄分离得很清楚。

（4）假鸡蛋蛋壳的内膜很容易撕下来，并且是整块的被撕掉，像一层纸一样，而真鸡蛋大家都知道，内膜是很难撕下的。

（5）煎鸡蛋的时候，假鸡蛋的蛋黄会在没有搅动的情况下自然散开，不能形成荷包蛋。

经过以上几招，假鸡蛋应该就难逃过咱们的火眼金睛了。最后还是要不厌其烦的提醒大家，不要贪便宜，虽然贵的鸡蛋也有可能是假的，但是那些明显低于正常价格的鸡蛋，您一定要小心提防了。

山鸡蛋不一定是好鸡蛋

2010年2月10日的《半岛都市报》报道了这样一则消息：家住市南区八大湖的市民丁先生打算买一些鸡蛋春节期间馈赠亲友，到市场上一看，柴鸡蛋、草鸡蛋、山鸡蛋、虫子鸡蛋、乌鸡蛋等各种"概念"的鸡

蛋应有尽有。这些概念鸡蛋还在包装箱上显著位置标明"绿色"、"无公害"等字样，到底哪种鸡蛋营养价值高，连售货员都说不清。

确实，随着自然、健康概念的盛行，名目繁多的各种鸡蛋一个个摆上了超市的货架，这些"概念蛋"不但名字花哨，价格也不菲。在前面提到的那则报道中，半岛都市报的记者还随机采访了一些市民，虽然选购"概念蛋"的市民络绎不绝，却几乎没人能说出这些"蛋贵族"好在哪里，"只是听说比普通鸡蛋营养价值高，但具体对人体有哪些好处就说不清楚了"。

其实，目前市场上的普通鸡蛋，就是规模化养殖的"蛋鸡"所产的蛋，这种鸡产蛋快，产蛋量也大，而所谓的柴鸡蛋、土鸡蛋、草鸡蛋等鸡蛋，一般是指农家散养的那些刨土觅食、吃草啄虫的鸡下的蛋；虫子鸡蛋是用昆虫(蝇蛆、黄粉虫、蚯蚓等)代替饲料喂养的鸡所产的蛋。而富含钙、铁、硒等微量元素的鸡蛋，也是在喂养过程中使用富含这些元素的饲料。

《半岛晨报》还采访了一位不愿意透露姓名的家禽专家，他说："实际上，虫子等特殊饲料绝不会是母鸡的主食，否则成本太大养鸡场根本负担不起。很多'概念鸡蛋'都是人为炒作出来的。"

孙树侠告诉我们，与普通鸡蛋相比，山鸡蛋口感上可能会觉得"蛋味更足"，但二者的营养价值相差其实并不大，也谈不上对人体健康有多大的益处。更何况，很多山鸡蛋都是由普通鸡蛋冒充的，一般消费者根本无法辨别，只能听凭包装上的说明，说是山鸡蛋就是山鸡蛋，说是草鸡蛋就是草鸡蛋。

所以，大家不要盲目跟风选购这些所谓的"贵族蛋"，白花了冤枉钱，还得不着实惠。

第四章

家庭蔬果安全养生指南

一、警惕反季节蔬果

（一）反季节蔬果，可以调剂，不能常吃

记得以前在北方，每到深秋的时候，腌酸菜都是全民总动员的一种盛况，有时甚至像过节一样。家里面男人去买了几百斤的白菜，用麻袋背回家，女主人清洗干净，再叫小孩扔到房顶上，把白菜码好晾干，而后再取下来，放进了家里巨大乌黑的酸菜缸。整个冬天，一家人就靠这些酸菜和窖藏的土豆下饭。

现在科技条件好了，运输也越来越发达，一年四季的任何时候，都能吃到来自大棚里和全国各地生产的蔬果，超市的货架上永远是五彩斑斓，五颜六色，数九寒天吃西瓜不再是神话，一家人其乐融融腌酸菜的景象却早就见不到了，有时候想想也挺怀念的。

当然，反季节蔬果不是不能吃，孙树侠还是建议大家，反季节蔬果，可以调剂，不能常吃。为什么呢？

孙树侠说：反季节蔬果不但价格不菲，而且营养价值不高，甚至可能对人体有害，所以不适宜经常食用。反季节水果有哪些坏处呢？

1. 反季节蔬果不好吃营养低

孙树侠说："反季节蔬果相对于应季蔬果的价值在于吃个新鲜感，而不在于营养。"那些色彩斑斓、明亮诱人的反季节蔬果，往往是在大棚里种植出来的，其该有的日晒、风吹及土壤水平，均与应季蔬果不同，成长又往往特别迅速，该有的营养、糖分的积累也达不到。营养最

好的蔬果就是最便宜的品种，最便宜的蔬果往往是应季的蔬果。

孙树侠给我们讲了一个故事，以前她邻居家的一个小孩子，特别爱吃西瓜，每年夏天都要吃很多。冬天的时候跟妈妈去超市，看见西瓜就特别的馋，非缠着要妈妈买，妈妈疼孩子，拗不过就给买了。孩子把西瓜抱回家，切开只吃了一口就叫嚷着不好吃，再也不吃了。

为什么呢？就是因为大棚里生长的西瓜糖分累计不够，不甜，所以孩子不爱吃。

其实大多数的反季节蔬果都和冬天的西瓜一样，身价很高，但物无所值。

警惕反季节蔬果

2. 反季节蔬果催熟剂多

孙树侠说，一般说反季节的蔬菜水果大多数都是激素催熟。孙树侠特别介绍了几种"危险"的反季节蔬果给大家：

（1）反季节葡萄

为了让葡萄提早上市，一些不法商贩和果农使用催熟剂——乙烯利。使用者把乙烯利用水按比例稀释后，将没有成熟的青葡萄放入稀释液中浸湿，过一两天青葡萄就变成紫葡萄。此药虽毒性较低，但长期食用对人体有害。

（2）反季节香蕉

为了让香蕉表皮变得嫩黄好看，有的不法商贩用二氧化硫来催熟，但果肉吃上去仍是硬硬的，一点也不甜。二氧化硫及其衍生物不仅对人的呼吸系统产生危害，还会引起脑、肝、脾、肾病变，甚至对生殖系统也有危害。

（3）反季节西瓜

超标准地使用催熟剂、膨大剂及剧毒农药，会使西瓜"带毒"。这种西瓜皮上的条纹不均匀，切开后瓜瓤特别鲜艳，可瓜子却是白色的，吃完嘴里有异味。2011年5月有名的"瓜裂裂"事件，就是过量使用膨大剂的结果。

（4）反季节草莓

中间有空心、形状不规则又硕大的草莓，一般是激素过量所致。草莓用了催熟剂或其他激素类药后，生长期变短，颜色也新鲜了，但果味却变淡了。这一类草莓必须慎食，如果食量较多，则会影响人的正常生长发育，如导致小孩早熟等。

3. 反季节蔬果影响人体气血供应

2000多年前，孔子就说过"不时不食"，翻译成白话文就是，不当季的东西不吃。孔子那时候没有什么催熟剂之类，但他说这个话，更有一套深刻的道理。

前面说过，食物分寒凉、温热等不同的属性。

一般来说，按照自然规律，夏天出产的水果寒性的居多，夏天吃了可以防暑降温，而冬天出产的食物，大多是温热的，吃了可以驱寒保暖，加强人的气血供应。而反季节蔬果不符合自然规律，冬天食用大量的本应是夏天出产的寒凉的水果和蔬菜，等于给身体内的脏器降温，带

警惕反季节蔬果

来的直接后果就是血液循环越来越慢，脏器功能下降，衰老期提前，血流得越慢，沉淀越多，血管越易淤堵、梗塞，从而导致各种与血管相关的心脑血管病的高发。

基于以上的理由，反季节蔬果，只能调节，不能常吃。

（二）冬季如何安全购买蔬菜

孙树侠还给大家提供了几条冬天购买蔬菜的建议：

（1）有些蔬菜经过催熟，果皮或其他地方还会留下青涩的痕迹，买的时候要多留意。吃时可以通过光照、削皮、水烫、爆炒等办法，清除其中的残毒。

（2）如果冬天禁不住种类众多的反季节蔬菜的诱惑，也最好多选择洋葱、胡萝卜、茄子等，这类蔬菜中农药残留物较少，尽量少买形状、颜色奇怪的蔬菜。

（3）尽量多从市场上购买新鲜食物自己做，少购买成品。成品食物一般都不可避免地会经过反复加工，营养成分容易遭到破坏，同时也难以保证新鲜，甚至可能含有有害的添加物。

（三）孙树侠的排毒养颜蔬果

每一个见到孙树侠的人，都不得不感叹孙树侠"驻颜有术"，70多岁了，一头银白的头发，但是皮肤非常细腻光滑，一条皱纹都找不到，就连20多岁的年轻人也常常自愧不如。在我们的再三追问下，孙树侠向广大爱美的女性朋友推荐了6种常见、便宜、有效的美容养颜食物：

1. 芹菜

相信很多人都知道芹菜是粗纤维，有助于肠胃蠕动，而且芹菜还是有效的降血压食物。

但芹菜为什么能排毒呢？到底芹菜好在哪？

其实是芹菜里的有机钾，它是一种重要的电解质，能帮助清洁你的细胞。如果你是一位爱美的女士，你一定对"细胞修复"这个概念毫不陌生，是的，不管是面霜、乳液还是护肤水，只要沾上"细胞修复"就像镀了金一样，必定价格不菲。

其实这个细胞修复，就是清洁细胞，也就是我们菜市场上随时可见的芹菜能做到的。不过咱们吃芹菜，通常都吃芹菜茎，但其实芹菜叶子中的钾含量要比茎中的高得多，如果可能的话，尽量一起食用，可以把茎叶添加进小点心或者凉拌菜里，或者用芹菜叶来做饺子馅。

芹菜与洋葱

2. 无花果

无花果是优秀的清洁血液选手，血液运送养分到细胞，所以细胞越干净，皮肤就越健康。

无花果的种子非常细小，但是它不仅充满了养分，还能溶解和帮助从肠道中排出身体里的废物和毒素。干燥的生无花果两种功效兼而有之，任何超市都能买到，不妨当零食吃吧！

3. 洋葱

虽然洋葱特有的甜辣气味可能不太符合咱们中国人的口味，但洋葱真的是非常有益的一种蔬菜。洋葱中富含硫黄化合物等成分，能帮助你的皮肤和肝脏排毒，而且能重建结缔组织，比如胶原蛋白。

洋葱中有珍贵的槲黄素能帮助清除自由基，而且有降血压的功效。所以做饭的时候，不妨放点洋葱，做凉拌菜的时候也可以加一点。

孙树侠说，以前她的一个朋友一听到洋葱就皱眉，经过她的推荐开始慢慢吃洋葱，坚持了一年多的时间以后，她跟孙树侠说，觉得洋葱也挺好吃的。可见口味这个东西是可以培养的，为了身体健康，为了年轻美丽，本来就不能什么都由着自己性子，要吃对身体健康有益的食物，而不是仅仅要吃爱吃的食物。

4. 瓜子

可能很多视各种零食为畏途的女性朋友没有想到，瓜子还有排毒养颜的作用。我们这里说的瓜子是葵花籽，它含有人体必需的只能从食物中摄取的8种氨基酸，而且还能在我们的身体里制造另外15种氨基酸和蛋白质。在我们的日常生活里，我们应该至少获取1%的植物蛋白。植物蛋白更利于人体吸收，并且不会令我们的体质变成容易发胖的酸性，而动物蛋白的消化则正好相反。

孙树侠还提醒说，市面上出售的瓜子经过烘焙和炒制，食用过多容易上火，所以建议购买生瓜子，自己烹制。

5. 海带

海带中含有一种叫硫酸多糖的物质，能清除附着在血管壁上的胆固醇，使胆固醇保持正常含量。海带中的褐藻胶因含水率高，有助于排除毒素物质。海带中还含有大量的碘，可以刺激垂体，使女性体内雌激素水平降低、卵巢机能恢复正常，消除乳腺增生的隐患。

海边的朋友就有福了，海带都不用买，每天早上落潮的时候，沙滩上一捡一大把。早上去捡海带，既锻炼身体，带回来的海带还能排毒养颜，真是一举多得。

6. 胡萝卜

胡萝卜是有效的解毒食物，与体内的汞离子结合之后，能有效降低血液中汞离子的浓度，加速体内汞离子的排出。胡萝卜中所含的B族维生素和维生素C等营养成分，也有润肤、抗衰老的作用。

7. 黑木耳

木耳因生长在潮湿阴凉的环境中，中医学认为它具有补气活血、凉血滋润的作用，能够消除血液里的热毒。黑木耳中的植物胶质有较强的吸附力，可将残留在人体消化系统内的杂质排出体外，起到清胃涤肠的作用。

（四）饮食误区：10种不科学的传统食物搭配

科学发展到今天，我们的生活也提高到了较高的水平，但看我们的饮食却会发现我们的饮食习惯，传统上有许多的搭配，却存在着一定的问题。也就是说，我们大多数人，还没有完全明白哪些吃得合理，哪些吃得不合理。其实，许多传统的饮食搭配，不但不科学，还对身体有害处。

所以，在追求食物美味的同时，还要注重食物搭配得当，符合营养要求，才更有利于健康。重新审视传统的饮食搭配，了解一些禁忌知识，用科学观去辨别这些禁忌，是现代人的基本素养，也是人们进行养生防病，以求延年益寿不可忽视的一个重要问题。

1. 猪脚不宜炖黄豆

猪脚炖黄豆是民间流行的营养食品，很多女性酷爱这道汤品，觉得可以养颜，可是这种吃法其实并不科学。

豆类中的植酸含量很高，黄豆中60%—80%的磷是以植酸形式存在的，它常与蛋白质和矿物质元素形成复合物，从而影响二者的可利用性，降低其利用效率。

而且，豆类纤维素中的醛糖酸残基可与瘦肉、鱼类等荤食中的矿物质，如钙、铁、锌等成螯合物，干扰或降低人体对这些元素的吸收。

所以，黄豆与猪蹄不宜相配。

2. 豆浆冲鸡蛋，降低营养

东北有豆浆煮鸡蛋，或鸡蛋与豆浆同食的习俗，但这样会降低二者的营养价值，我们应重新考虑改变这种吃法。

生豆浆中含有胰蛋白酶抑制物，它能抑制人体蛋白酶的活性，影响蛋白质在人体内的消化和吸收。鸡蛋的蛋清里含有黏性蛋白，它可以同豆浆中的胰蛋白酶结合，使蛋白质的分解受阻，降低人体对蛋白质的吸收率。

所以，豆浆与鸡蛋或蛋类食物，要间隔一段时间再食用，不宜同食。

10种不科学的传统食物搭配

3. 烧兔肉加姜，易致腹泻

兔肉有土腥气，为了去除其味道，人们常加姜厚味烹调，但其做法欠科学。兔肉味酸性寒；干姜、生姜辛辣性热。二者味性相反，寒热同食，易致腹泻，所以烹调兔肉时不宜加姜。

4. 螃蟹与梨子，同食伤胃

八月节，人们吃完螃蟹后吃梨习以为常，但殊不知这样做容易伤及肠胃。

看过《红楼梦》就知道，螃蟹是寒性的食物，林妹妹就不敢多吃。在《饮膳正要》中有"柿梨不可与蟹同食"的说法。梨味甘微酸性寒，蟹亦冷利，二者同食，伤人肠胃。

5. 小葱拌豆腐，不易吸收

虽然"小葱拌豆腐———青（清）二白"是一个经典的歇后语，但是现代科学研究证明：葱中含有大量的草酸，豆腐中的钙与葱中的草酸结合形成白色沉淀——草酸钙，会造成人体对钙的吸收困难。钙是人体必需的元素，如长期对钙的吸收困难，加上进食不足，会导致人体内钙质的缺乏。

6. 菠菜炖豆腐，钙易损失

菠菜和豆腐是人们经常食用的配食。菠菜和豆腐同炒，看起来颜色悦目，但是，和小葱拌豆腐一样，这种做法也不可取。

因为菠菜含有叶绿素、铁等，还含有大量的草酸，而豆腐主要含蛋白质、脂肪和钙。二者一锅煮，草酸能够和钙起化学反应，生成不溶性的沉淀物质，人体对钙就无法吸收了。因此为了保证营养，可以先将菠菜放在水中焯一下，让部分草酸溶于水，捞出来再和豆腐一起煮就行了。

7. 炒青菜放醋，营养大减

有人喜欢在炒青菜时加上醋，认为青菜会更绿，事实上其营养价值大减。因为青菜中的叶绿素在酸性条件下加热极不稳定。其分子中的镁离子可被酸中氧离子取代，生成一种暗淡无光的橄榄脱镁叶绿素，使青菜的营养价值大大降低。

因此，烹调绿色蔬菜时宜在中性条件下，大火快炒，这样既可保持蔬菜的亮绿色，又能减少营养成分的损失。

8. 煮稀粥放碱，营养全丢

煮粥时放点碱米烂得快，但这样会使粥里的维生素损失，如果人经常吃放碱煮的粥，就会引起维生素B_1、维生素D和维生素C缺乏。这些维生素都是喜酸怕碱的。缺乏维生素B_1会得消化不良、心悸、乏力和维生素B_1缺乏症（脚气病）；缺乏维生素B_2会舌头发麻、烂嘴角、长口疮以及发生阴囊炎等；缺乏维生素C会出现牙龈肿胀、出血等。所以煮粥时还是别放碱。

9. 喝茶加白糖，减茶功能

茶叶味苦性寒，人们饮茶的目的就是借助茶叶的苦味刺激消化腺，促使消化液分泌，以增强消化功能；再就是利用茶的寒凉之性，达到清热解毒的效果。如果茶中加糖，就会抑制这些功能。但古籍中也有茶叶配白糖疗疾的偏方，作为食疗可以，若平时饮茶则不宜加糖。

10. 茶叶蛋好吃，但不科学

有人爱吃茶叶蛋，其实这是不科学的。因为茶水煮鸡蛋，茶的浓度很高，浓茶中含有较多的单宁酸，单宁酸能使食物中的蛋白质变成不易消化的凝固物质，影响人体对蛋白质的吸收和利用。鸡蛋为高蛋白食物，所以不宜用茶水煮鸡蛋食用。

二、警惕：不能生吃、多吃的食物

（一）从扁豆中毒的故事说起

2010年9月26日傍晚，青岛市的刘先生和妻子吃过晚饭后，都出现恶心和呕吐的症状。小两口一开始没有在意，但随后呕吐得越来越严重，隔壁公司的同事耿先生赶紧将他们送往开发区第一人民医院。赶到医院后，耿先生发现，医院中已有食用扁豆后中毒的病号。当日凌晨，该院共接诊5例食用扁豆后中毒的患者。

"会不会扁豆本身有问题？"

耿先生当时怀疑同事小两口食用的扁豆质量有问题。但据当晚值班大夫介绍，当晚就诊的患者都是因食用了未充分熟透的扁豆而中毒。

扁豆中毒事件并不少见，我们经常会在报纸、电视等媒体上看到"扁豆中毒事件"、"豆浆中毒事件"等，而且往往一发生就是集体中毒，影响面较大。大家肯定发现了，都是豆类食品惹的祸。中毒的原因说起来很简单，都是因为这些豆类食品没被彻底煮熟。

豆类中的有毒成分，主要是豆类凝集素、皂素和胰蛋白酶抑制物。

警惕不能生吃、多吃的食物

这些有毒成分我们统称它们为"抗营养因子"，是以"抗胰蛋白酶"为主的一系列生物因子，在鲜活的动、植物体内及分泌物中广泛存在，比如，生的豆浆、鸡蛋、牛奶等中都存在这类物质。

这些物质对胃肠黏膜有较强的刺激作用，并对细胞有破坏和溶血作用，严重的还会出现出血性炎症。不过这些因子，一般含量极微，大部分人对此并不过敏，但是如果超过一定标准，便会导致人体不适，甚至可能造成死亡。

说到这里，您可能会问：人类食用了几千年的豆类食品，怎么有的人会中毒呢？我们该怎么预防？

预防中毒的方法也非常简单，那几种引起中毒的物质都不耐热，只要充分加热，就可以将其破坏，去除安全隐患。

所以，吃豆角的时候，我们一定要彻底煮熟或者炒熟后再食用，凉拌豆角也一定要预先用开水煮熟，晾凉后再凉拌，绝对不能偷懒。用大锅烹制豆角时，我们更要注意翻炒均匀，煮熟焖透，使豆角失去原有的生绿色和豆腥味，才算熟透。这也是为什么豆角最容易引发集体食物中毒的原因。

扁豆

北京某著名高校就曾发生过学生吃豆角中毒事件，食堂厨师做豆角炒肉时，没有炒熟炒透，几百个学生就发生了不同程度的食物中毒现象。

（二）加热豆浆、豆奶要注意"假沸"

在加热豆浆、豆奶时，要特别注意的一点是：不能被"假沸"现象所迷惑。所谓"假沸"，就是由前面提到的皂素所引起的。

豆浆煮到80℃左右时，皂素便会产生大量的白色泡沫漂浮在豆浆上，看起来就像沸腾了一样。急于饮用又不了解情况的人，会误认为豆浆已经煮沸而停止加热，直接食用——实际上豆浆并没有充分加热，其中的有毒物质没能被破坏，仍然会引起中毒。所以，正确的做法是：在豆浆看似沸腾后，再加热5—8分钟，直到白色泡沫消失了才能饮用。

豆类里面的蚕豆（胡豆）需要格外注意，不能生吃，因为在蚕豆中含有一种物质——巢菜碱苷，生吃蚕豆，容易患上溶血性贫血。尤其是体内红细胞缺乏"6-磷酸葡萄糖脱氧酶"的人，吃了蚕豆后很快会出现溶血性黄疸，又称"蚕豆病"。有这种家族遗传病史的人要注意，忌吃蚕豆。而一般人也要注意鲜嫩的蚕豆一定不能生吃，吃干蚕豆时也要用水浸泡，多换几次水，然后煮熟食用。

除了豆类以外，下面列举的一些食物也需注意，不能生食。

（三）四种不能生吃的食物

1. 白果

白果即银杏的果实，是我国的特产，营养丰富，也是大家熟悉的一种药用果实。白果皮、种仁和绿色的胚均含有毒成分，主要是白果二酸、白果酚和白果酸等。白果二酸毒性尤其大。白果中毒的轻重与食用量和体质有关，儿童一般食用10—20粒白果就可能引起中毒。

人的皮肤接触白果种仁或种皮，也是引发中毒的一种途径。食用生白果或者接触了种仁、果皮，可能造成中枢神经系统麻痹。所以我们要注意，白果不能生吃，熟吃白果数量也应控制在20粒之内，而且特别要注意的是，一定要去除果肉中绿色的胚。

2. 苦杏仁、苦桃仁

苦杏仁、苦桃仁中含有氰苷，食用不当会引起中毒。苦杏仁苷的致死量约为1克，小儿食6粒，成人食10粒苦杏仁即可中毒。所以一定不能吃生果仁，苦杏仁经炒熟后可去毒素。

孙树侠说，有的朋友习惯于吃完杏子或者杏干杏脯，就直接把核砸开取仁吃，觉得味道又香甜又可口，但这其实是不可取的。

3. 红薯

红薯富含淀粉，但是生吃时淀粉外围的细胞膜未经高温破坏，不易被人体消化吸收，食后使人产生腹胀而感到不适，所以忌吃生红薯。只有经过加热处理后，才有利于蛋白质、淀粉的消化吸收，尤其是烤红薯，人体对它的消化吸收率最高，是较科学的食用方法。

但孙树侠提醒大家，街边卖的烤红薯许多是用工业用的废铁桶来烤制，有的是汽油桶、柴油桶，有的是化工原料桶，桶内残留着化工原料，不少化工原料含有可能危害人体健康的成分，这种烤红薯万万不能买。

4. 木薯

木薯的块根富含淀粉，是食品和工业淀粉的良好来源。不过，木薯的全株各部位，包括根、茎、叶都含有毒物质，而且新鲜块根毒性较

红薯是养生食物，但不宜生吃

大。其有毒物质是亚麻仁苦苷。食用生的或未煮熟的木薯及其汤，都会中毒。一般食用150—300克生木薯，即可引起中毒，甚至死亡。

　　那么如何安全食用木薯呢？办法是食用木薯前先去皮，然后用水泡6天，再加热煮熟，即可食用。除了绝对不能生吃木薯外，还应注意，煮木薯的汤也一定不能喝，否则也有中毒的危险。

（四）荔枝、菠菜等多吃有麻烦

　　我们中国人讲的中庸之道，其中重要的一个方面就是要"适可而止"。不管什么事儿什么东西，都有个量的问题，超过了这个量，量变就要引发质变，好事也会变成坏事了。吃东西也一样，不论再好的、对身体再有益的东西，吃得太多也会诱发一些问题，下面孙树侠就给大家提个醒，来说几种特别要注意不能多吃的食物。

1. 荔枝不能多吃

荔枝是我国著名的水果，"一骑红尘妃子笑，无人知是荔枝来"，反映了当年荔枝的珍贵和不耐贮藏。而现在，随着培植和运输技术的进步，荔枝也不再作为古代皇帝的贡品，而成为人人都可以吃得到的鲜美水果。

荔枝肉质软糯，甜美多汁，但是在品尝美味的荔枝时，你要知道荔枝吃多了并不好。有的人在吃荔枝后会出现低血糖，发病时有饥饿感、头晕、面色苍白、心悸、出冷汗、无力，严重者出现抽搐、瞳孔缩小、脉搏细速、呼吸不规则，可突然昏迷，并导致死亡。

这些现象的出现，都是因为在荔枝中含有一种降低血糖的物质，叫做"α-次甲基环丙基甘氨酸"，因此，人们要注意不可食用荔枝过多，一旦出现不适，立刻口服糖水缓解。宋代的苏东坡说："日啖荔枝三百颗，不辞长作岭南人。"这是文人的夸张和形容，荔枝其实多吃不得。

2. 菠菜不能多吃

大家一定都知道非常有名的动画片叫《大力水手》，里面的大力水手波比每次需要力量的时候，只要吃些菠菜，就会忽然变得力大无穷。确实，菠菜茎叶柔软滑嫩、味美色鲜，含有丰富维生素C、胡萝卜素、蛋白质，以及铁、钙、磷等矿物质，能够起到促进生长发育、增强抗病能力的作用，而且它含有的植物粗纤维，还可以通肠导便，防治痔疮。

但是，菠菜含有丰富的醋浆草酸，这种酸能够跟人体中的钙和锌发生反应，生成钙草酸盐和锌草酸盐，这两种盐人体很难吸收，会直接排出体外。所以，如果菠菜吃得太多，就会影响人体对钙和锌的需求，特别是在儿童发育的阶段，需要大量的钙和锌，一旦缺少这两种元素，就

菠菜不能多吃

会不利于骨头和牙齿的发育，同时也会损害宝宝的智力发育。

3. 鸡蛋不能多吃

也许大家不会想到，鸡蛋也不能吃太多。

鸡蛋所含的营养成分全面且丰富，而被称为"人类理想的营养库"，营养学家则称它为"完全蛋白质模式"。据分析，每百克鸡蛋含蛋白质14.7克，主要为卵白蛋白和卵球蛋白，其中含有人体必需的8种氨基酸，并与人体蛋白的组成极为近似，人体对鸡蛋蛋白质的吸收率可高达98%。

每百克鸡蛋含脂肪11—15克，主要集中在蛋黄里，也极易被人体消化吸收，蛋黄中含有丰富的卵磷脂、固醇类、蛋黄素，以及钙、磷、铁、维生素A、维生素D和B族维生素。这些成分对增进神经系统的功能大有裨益，因此，鸡蛋又是较好的健脑食品。

但是，如果吃太多的鸡蛋，就会摄入太多的蛋白质，很容易导致营养过剩，进而导致肥胖。此外，蛋白质很难消化，吃太多鸡蛋，会增加胃、肝和肾的负担，严重的话，可能会导致这些内脏功能产生异常。因此，一天最多吃3个鸡蛋，超过就会"变宝为废"了。

曾经有位高中生，非常爱吃鸡蛋，他妈妈还是当地一家著名医院的院长，但是因为疼爱儿子，爱吃多少鸡蛋也都由着他。于是，他每天最少要吃6个煎鸡蛋。结果呢，他的体重在高二的时候就已经达到了180斤，体型严重偏胖。

4. 茶不能多喝

茶、可可和咖啡，被称为世界三大饮料，茶是三大饮料中营养成分最多的。茶对人体的益处就太多了：茶中含有多种维生素，特别是其中的一些水溶性维生素如B族和C族维生素，可以通过饮茶被人体直接吸收。

饮茶还可以补充人体所必需的氨基酸，茶叶中的氨基酸种类丰富，多达25种以上，其中的异亮氨酸、亮氨酸、赖氨酸、苯丙氨酸、苏氨酸、缬氨酸，是人体必需的8种氨基酸中的6种。

此外，饮茶还可以补充人体需要的矿物质元素，茶叶中含有人体所需的大量元素如磷、钙、钾、钠、镁、硫等；微量元素主要是铁、锰、锌、硒、铜、氟和碘等。经常饮茶，是获得这些矿物质元素的重要渠道之一。

但是，过量饮茶或者饮茶过浓，对人体也有害处。茶叶中的咖啡因能促使尿钙排泄，导致负钙平衡，造成骨钙流失。茶中含有大量的单宁酸——与人体的铁合成铁单宁酸，人体很难吸收这种酸，会造成铁缺乏和贫血。此外，大量饮茶会增加尿量，引起镁、钾、维生素B等重要营养素的流失。所以饮茶不宜过浓，一杯茶中的茶叶不要超过4克，习惯喝浓茶的话也要控制饮用量。

（五）爆米花、果冻、味精不能多吃

天然的食品不能吃得太多，人工合成的食品就更是如此了。

1. 味精不能多吃

平时家里炒菜做汤时调味用的味精，多吃会使血液中谷氨酸钠含量升高，出现短时头痛、心跳、恶心等症状，对人的生殖系统也有不良影响，每天进食量不能超过6克。

2. 爆米花不能多吃

小朋友爱吃的爆米花有很高的铅成分。一旦进入人体，铅就会破坏人的神经、血液、消化系统和造血作用。特别是儿童的排毒系统还没有发育完成，经常吃爆米花的话，可能会导致慢性铅中毒。

3. 果冻不能多吃

果冻也是特别不能多吃的食品。虽然名为果冻，但并不是从果汁中提取糖分的，它是一种黏稠物、酸料、色素、糖精的混合物，吃太多的果冻会影响人体发育，损害智力。

总之，不管什么食物，都不能吃得太多，大家平时一定要管住自己的嘴，再好吃的东西也不能暴饮暴食，有益的食物再不好吃也尝一口。现代人的营养问题不是营养不良，而更多的是营养不均衡，这都是由于吃得太多或者太少造成的。

不健康的饮食习惯，慢慢会累积成"富贵病"。

家里有老人的要特别注意。有的子女很孝顺，觉得爸妈年轻的时候辛辛苦苦，没吃过好东西，现在生活条件好了，各种好吃的都要给爸妈

市场上的果冻

吃，但是老年人消化、吸收、代谢系统都逐渐老化，各种营养物质吃进肚里不能转化为营养，反而为"三高"造成隐患。

三、安全购买食用蔬果很重要

（一）有些菜不要趁新鲜吃

每天早上，我们都会看到早市上熙熙攘攘的特别热闹，就为了把最新鲜的蔬菜买回家。

家住南京市浦口区的秦老太太，经常跟老伙伴们炫耀的事情就是，每天早上她都会起个大早去市场，买回一家人一天所需要的蔬菜，从不多买。

老太太说："反正退休了，闲着也是闲着，每天跑点路，能让全家

有些菜不要趁新鲜吃——鲜木耳、鲜黄花菜、鲜咸菜

人吃个新鲜，也值得。"她还特别得意地说："我们家从来不吃过夜的菜！"

不过，大家也许没想到，有些蔬菜并不是越新鲜越好，那些看起来鲜嫩欲滴的蔬菜，甚至可能会给人带来麻烦。这是为什么呢？

因为现在蔬菜的种植生产中，会大量使用化肥和其他有机肥料，特别是为了防治病虫害，经常施用各种农药，有时甚至在采摘的前一两天还往蔬菜上喷洒农药，这些肥料和农药往往是对人体有害的。而刚刚采摘的蔬菜，这些有害物质都残留在上面，而且有些是很难清洗掉的。

那么，是不是新鲜的蔬菜最有营养呢？

孙树侠告诉我们，这其实是一个误区：新鲜并不一定意味着更有营养。科学家研究发现，大多数蔬菜存放一周后的营养成分含量，与刚采摘时相差无几，甚至是完全相同的。

据美国一位食品学教授发现，西红柿、马铃薯和菜花经过一周的存放后，它们所含有的维生素C有所下降，而甘蓝、甜瓜、青椒和菠菜存放一周后，其维生素C的含量基本没有变化。经过冷藏保存的卷心菜，甚至比新鲜卷心菜含有更加丰富的维生素C。

是不是很惊讶？我们日常觉得耐储存的土豆、菜花等，反而会因不新鲜而丧失营养成分，倒是我们平时觉得不耐放，一定要吃新鲜的卷心菜和菠菜等绿叶蔬菜，储存后营养成分反而没有什么变化。

因此，生活中我们切不可为了单纯追求蔬菜的新鲜，忽视了其中可能存在的有害物质。对于新鲜蔬菜，我们应适当存放一段时间，使残留的有害物质逐渐分解减弱后再吃也不迟，这样既不耽误营养成分的利用，还可以减少农药、化肥等对人体的损害。

不过，大家一定要注意贮藏方法，同时也要注意不要矫枉过正，等蔬菜放蔫了甚至开始腐败变质了再吃，那是绝对不行的。对于一些容易变质、不能储藏的蔬菜，应一定要用果蔬清洗剂等多清洗几遍再烹调。

另外，还要特别提醒您，以下几种食物，一定不能吃"鲜的"：

1. 鲜黄花菜

黄花菜又名金针菜，未经加工的鲜品含有秋水仙碱，秋水仙碱本身无毒，但吃下后在体内会氧化成毒性很大的氧化二秋水仙碱。据实验推算，只要吃3毫克秋水仙碱就足以使人恶心、呕吐、头痛、腹痛，超过3毫克可能出现尿血或便血，20毫克可致人死亡。干品黄花菜是经蒸煮加工的，秋水仙碱会被溶出，故而无毒。

2. 鲜木耳

鲜木耳中含有一种卟啉的光感物质，人食用后若被太阳照射，可引起皮肤瘙痒、水肿，严重的可致皮肤坏死，若水肿出现在咽喉黏膜，会出现呼吸困难。干木耳是经暴晒处理的成品，在暴晒过程中会分解大部分卟啉，而在食用前，干木耳又经水浸泡，其中含有的剩余毒素会溶于水，使水发的干木耳无毒。

鲜木耳，不宜趁新鲜吃

3. 鲜咸菜

新鲜蔬菜都含有一定量的无毒的硝酸盐，在腌制过程中，它会还原成有毒的亚硝酸盐。一般情况下，腌制后4小时亚硝酸盐开始明显增加，14—20天达高峰，此后又逐渐下降。因此，要么吃4小时内的腌咸菜，要么就吃腌制30天以上的。亚硝酸盐可使人出现青紫等缺氧症状，还会与食品中的仲胺结合形成致癌的亚硝胺。

切开的水果少买为宜

小林是大学四年级的学生，每天晚上自习课后，她都会在宿舍楼下的水果店里买一个塑封好的水果拼盘。据小林说，这样的水果拼盘在学校里特别受大家的欢迎，不用洗又不用切，价格虽然略贵，但毕竟吃起来方便了不少。特别是夏天，大家对甜美多汁、清热祛暑的水果的需求也更大。水果店的老板也说，这样的果盘，一晚上他可以卖出几十个。

但是，尽管这些切好的水果特别适应大家快节奏高速度的生活，而且颜色鲜艳，让人一看就馋涎欲滴。但是孙树侠却要告诉大家，不管从营养的角度还是从安全的角度，都不要贪图这几分钟的方便，最好不要买这种切开的水果。

（一）切开的水果容易流失营养

许多水果都含有大量的维生素C。维生素C对人体有提高免疫力，预防癌症、心脏病、中风，保护牙齿和牙龈等非常重要的作用，而对于爱

切开的水果少买为宜

美的女性来说，还可以有效减少皮肤的黑色素沉着，使皮肤更加白嫩。

给人体提供每日所需的维生素C，正是水果最重要的营养价值之一。但是，维生素C在空气中非常容易氧化，高温和阳光都会使其迅速流失。那些预先削掉果皮，又切开的水果，果肉直接暴露在空气中，维生素C就难免会流失，即使是用保鲜膜包装也并不能阻止这个过程。

英国的消费者协会做过一项研究，检测在超市出售的预先包装的切好的水果中的维生素C含量。他们发现抽取的13个样本中，4个样本的维生素C含量比正常、完整水果的维生素C含量低一半以上，这对于消费者来说，无疑相当于事倍功半了。

（二）切开的水果更可能受到污染

水果的果皮表面容易受污染物如化学物品、动物排泄或沙门氏菌等细菌污染，所以，如果我们购买整个的水果回家，都会不厌其烦的反复清洗。但是超市里销售量大，水果都是批量处理的，往往不可能清洗得跟自己家里一样认真，甚至有可能根本就不清洗。

假如新鲜水果没有经过认真的清洗、消毒处理，水果表面便可能会有沙门氏菌类，而用刀具切开没有清洗的新鲜水果时，受污染的水果外皮的细菌会经刀传给果肉部分。

其实，沙门氏菌正是引起食物中毒的重要元凶之一。据统计，在世界各国的各种细菌性食物中毒中，沙门氏菌引起的食物中毒常列榜首。我国内陆地区的食物中毒也以沙门氏菌感染为首位。沙门氏菌感染主要的临床表现为胃肠型（食物中毒）、伤寒型、败血症型及肠道外局灶性感染等。这些症状中又以胃肠炎型最为常见，可引起恶心、呕吐、腹痛、腹泻及发热等临床症候群。

而且，切开的水果没有了果皮的保护，直接接触空气，而夏天天气又十分炎热潮湿，切开的水果更容易腐烂变质，也更有发生食物中毒的危险。总之，这些看似干净鲜亮的水果根本就不干净卫生。

（三）切开的水果可能是"坏的"

水果含糖量含水量都很高，容易腐烂变质，许多商家，特别是一些小商小贩，将滞销的、已经开始腐烂的水果中没腐烂的部分作为切片出售，反而卖到更高的价钱。这样的水果看起来很光鲜，和新鲜水果一样，没什么问题。

但实际上，水果一旦出现腐烂，即使面积很小，里面的细菌、霉菌及其代谢物就会通过水果的汁液进入整个果体，所以，整个水果都不能吃了，这样的水果吃进肚里，难免会对身体健康造成危害，拉肚子什么的都在所难免。大家平时在家的时候，也不要因为舍不得，将腐烂了一半的水果吃进肚里。

（四）四种方式防备切开的水果

最后，孙树侠要提醒大家，如果大家实在是需要购买预先包装的切开水果，那么一定要留意这几点：

第一，水果的包装一定要完整，密封一定要好，没有密封好的水果更加容易腐烂，也更加容易滋生病菌。

第二，摆放在冷藏柜里的切片水果才可以购买，因为低温会抑制细菌的繁殖，这样的水果也就比较安全。

第三，要注意分装日期，一般水果切开后一定要当天食用，隔天就不能再吃了。

第四，要认真观察，看水果是否仍然新鲜，是否有打蔫、变色乃至腐烂变质的情况，这样的水果都不宜购买。而且，水果买回家以后不要立即食用，最好能够再清洗一下，防止病从口入。如果不打算立刻就吃的水果，则应该密封好后尽早放入冰箱，妥善储存。

苹果皮：安全VS营养

（二）苹果皮：安全VS营养

曾经听过一个非常温暖的故事：

一个农村的小男孩，家里很穷很穷，从来没有吃过苹果。有一天，妈妈走亲戚回来，带回来一个大红苹果，小男孩高兴得不得了，缠着妈妈要吃苹果。妈妈放下手头的东西，到厨房拿了把小刀，仔细地削起了苹果皮……小男孩一边咽着口水，一边满怀期待地看着。好像过了很久似的，妈妈终于把苹果给削好了，小男孩抢过苹果，狠狠地咬了一口，哇，好甜啊……这可是他生平第一次吃苹果。忽然，他看到妈妈从桌面捡起那些刚刚削下来的薄得不能再薄的苹果皮往嘴里塞。

"妈妈，你这是干什么？"

"不能浪费了。"妈妈喃喃地回答。

"妈妈，苹果皮好吃吗？"

"好吃好吃，比果肉还好吃，还有营养。"

这个温暖人心的故事，说的是妈妈对孩子那毫无保留的爱。但是，随着营养学的发展，我们渐渐发现，妈妈这个善意的谎言，也有一部分真实在里面，那就是苹果皮确实有着非常丰富的营养价值。

苹果皮中含有很多生物活性物质，例如：酚类、黄酮类，以及二十八烷醇等，这些活性物质可以抑制引起血压升高的血管紧张素转化酶，有助于预防慢性疾病，如心血管疾病、冠心病，降低其发病率。

此外，苹果皮的摄入可以降低肺癌的发病率。国外研究表明，苹果皮较果肉具有更强的抗氧化性，苹果皮的抗氧化作用较其他水果蔬菜都高。普通大小苹果的果皮抗氧化能力相当于800毫克维生素C的抗氧化能力。

苹果皮中的二十八烷醇，还具有抗疲劳和增强体力的功效。苹果皮可以抑制齿垢的酶活性及口腔内细菌的生长，具有抗蚀作用，可以保护牙齿。还可以使皮肤白嫩，防止黑色素的生成，有美容功效。

您肯定会问，这么说，苹果是应该连皮吃了？别着急，话还没说完呢。

孙树侠说，尽管苹果皮有着丰富的营养，但也残留了大量的农药。

果农们为了消灭害虫，定期向果树喷洒农药。虽然在农业上要求使用的农药要尽量做到高效、低毒、低残留，但水果中仍会有农药残留，尤其是在水果的果皮部位含量较高。所以，我们在吃水果前仅仅清洗后食用，仍是不妥的，一定要做到削皮后食用。

如果经常食用不去皮的水果，会使水果中的残留农药在人体中长期积聚，有可能导致慢性中毒。所以，孙树侠还是建议大家，吃苹果还是把皮削掉的好。

如何识别少污染的苹果

孙树侠还给了我们一些具体的建议：

（1）优先选择套袋处理的苹果。这种苹果表皮干净而均匀，受到污染气体、农药喷洒等的影响比较小。

（2）苹果秋天成熟，新鲜苹果当时销售无需保鲜剂处理，可连同果皮一起吃。最不放心的是远渡重洋而来的外国苹果，因为它们必定要经过保鲜处理，而且国外水果表面打蜡更为普遍。

（3）新鲜苹果表面有一层天然果蜡，但还有薄薄的果粉，并非光可鉴人的样子。苹果收获后，为了提高商品价值，延缓苹果的失水，常用打蜡机进行上光，或用保鲜剂处理等，故看到表面特别漂亮发亮的苹果，特别是反季节苹果，最好削皮后再吃。

（4）最好选择无公害、绿色和有机认证的苹果，这样的苹果重金属和农药残留会少得多，即便不等于零，也会比普通苹果皮中残留量小，可以较为放心地食用苹果皮了。

（三）如何分辨"膨大西瓜"

1. 疯狂"炸裂"的西瓜

5月，正是西瓜成熟争相上市的季节。但2011年的5月，这样一则消息却让本应火爆的西瓜市场平添了几分寒意。

江苏农民刘明锁承包的镇江丹徒区延陵镇大吕村的40多亩西瓜大棚，就像布下了"地雷阵"，瓜藤上结满了大小西瓜，奇怪的是，5月

疯狂"炸裂"的西瓜

饮食安全指南

8日开始，还没有成熟就一个个疯狂地"炸裂"开来，有的炸得四分五裂，有的炸得像一朵花。

据刘明锁说，他是使用了一种"西甜瓜膨大增甜剂"。他对前来采访的记者说：

"今年是我第一年种西瓜，我投资26万元种了47个大棚，5月6日下午，我使用西甜瓜膨大增甜剂和速溶钙进行叶面喷施，结果7日就发现有180多个西瓜爆裂，到现在每天都炸个不停，剩下的大约只有1/3了。"

这种西甜瓜膨大增甜剂绿色的包装袋上，标注着这是一种氨基酸水溶性肥料，适用于西瓜、甜瓜、哈密瓜等，具有"膨大果实、防裂防畸，增甜增产"的功效。与他相邻的几个瓜棚里，也出现了同样的西瓜爆裂现象。

那么，西甜瓜膨大增甜剂到底是什么呢？

膨大剂名为氯吡苯脲，别名为KT30或者CPPU，20世纪80年代由日本首先开发，之后引入中国，是经过国家批准的植物生长调节剂，并不属于食品添加剂。

目前膨大剂在我国使用很广泛，一般来讲，在适量使用的情况下并不会对瓜果生长和人体健康造成危害。但问题是，普通的瓜农果农，根本很难知道什么是"适量"，所以，才会有"瓜裂裂"事件的出现。

消息一出，人们谈瓜色变，不但大吕村的西瓜无人问津，全国的西瓜销售都受到了很大影响，如北京市场的西瓜销量，比去年同期下降了近三成。

可是，西瓜长久以来就是家家户户必备的水果，特别是夏天，更有解暑降温的功效，总不能因为有"瓜裂裂"，大家就彻底不吃西瓜了吧？

2. 膨大西瓜三步分辨法

孙树侠教大家如何分辨膨大西瓜：

一看：

看个头。施用了膨大剂的西瓜最大特点就是个儿大，一般的西瓜也就是4千克左右，但打了膨大剂的西瓜个儿大，甚至能达到十几千克。

看形状。自然成熟的西瓜一般呈椭圆形或者圆形，而使用了膨大剂的西瓜容易出现"歪瓜裂枣"的情况，如两头不对称、中间凹陷、头尾膨大等。

看瓜籽。自然成熟的西瓜，西瓜籽黑且饱满，而施药西瓜，时间短，积温达不到，瓜瓤红了，可瓜籽却仍然瘪瘪的发白。

二尝：

购买水果时最好是先尝后买。正常成熟的瓜甜度达到8度以上，口感很好，打了膨大剂的西瓜，味道要么很淡，不怎么甜，要么就是味道甜腻，咬起来不沙不爽脆，没有西瓜的清香味。

三存：

正常西瓜在没有切开的情况下，一般可保存一两周，而打了膨大剂的西瓜，保存两三天就开始腐烂变质。这是因为激素仍会发挥催熟作用，使西瓜不耐贮藏。

（四）安全购买水果有三招

其实不光是西瓜，很多其他的瓜果也经常使用膨大剂和催熟剂，因此孙树侠提醒大家，买水果要注意以下几个原则：

（1）不要买不到成熟期的水果。在成熟期之前半个月至一个月上

市的水果，颜色又好看，很有可能就是使用了催熟剂的，即使没用催熟剂，这样提前上市的水果因为生长期不到，也不会好吃，而且营养价值较低。所以，不要抱着尝鲜的心态去尝那些提前上市的水果。

（2）购买水果时最好是先尝后买，淡而无味或吃起来有生味的水果千万不要买。在购买水果之前，首先要看水果的外形、颜色。像前面说到的那样，使用了膨大剂的水果容易产生畸形，又如现在市场上销售的草莓，很多个头非常大，但是特别的尖，这种草莓就很可能是添加了膨大剂。

（3）可以通过闻水果的气味来辨别。自然成熟的水果，大多在表皮上能闻到一种果香味，催熟的水果不仅没有果香味，甚至还有异味，催得过熟的果子往往还能闻得出发酵的气味。

（五）"顶花带刺"的黄瓜买不得

2011年5月，坊间流传着这样一种说法，现在菜市场上销售的许多"顶花带刺"的黄瓜，其实是抹了"避孕药"的！不久，东北网的记者就此事展开了调查：

昨天下午在城东的一家菜市场内，两个相隔不远的黄瓜摊位，都摆放着看起来十分新鲜的黄瓜，不过记者注意到，来买黄瓜的市民，一般都喜欢挑选黄瓜头上带黄花的。

"带花的黄瓜新鲜呀，你瞧多脆嫩呀。"见到记者要买黄瓜，摊主热情地给记者挑起黄瓜来，他还特别给记者选这种"顶花带刺"的黄瓜。老板说，他们摊位的黄瓜最新鲜了，几乎都带这种黄花的，刚刚采摘下来，因此特别好。

在另外一家农贸市场，记者同样看到，这里所销售的黄瓜也非常

"顶花带刺"的黄瓜买不得

饮食安全指南

市场上的"顶花带刺"黄瓜

"新鲜",因为这些黄瓜也如老板们所说的"顶花带刺"。一位老板表示,之所以他卖的黄瓜还有花,主要是他在采摘时特别小心,保证了黄瓜鲜嫩的品质,因为有花在,水分也不易流失。

随后,记者拿着这种"顶花带刺"的黄瓜,走访了南京市蔬菜科学研究所的研究员王强。

王强说,其实消费者稍加思考就会知道,我们平时见到的什么水果、蔬菜是带着花销售的?苹果啊、梨啊,这些水果和黄瓜的生长过程一样,都是先开花后结果,因此当黄瓜长成商品瓜的时候,花肯定是要谢掉的。所以这些带花的黄瓜是不正常的,但他也很肯定地表示,也绝非是避孕药惹的祸。

王强说,开花结果,瓜熟蒂落,这是自然界的生态规律。通常情况下，黄瓜从开花到采摘一般需要一个多星期的时间，正常生长的黄瓜从开花到结果一般为3—4天，花一般开到第4天就会自动脱落，尽管有些黄瓜成熟后还有花留着，不过都已经枯萎了，因此，如果看见黄瓜上还留有鲜艳的黄花，肯定是人工干预的结果。

王强指出，"顶花带刺"的新鲜黄瓜确实是做过手脚的，但并不是大家所流传的"避孕药"。避孕药是动物激素，不可能对植物的生长发育产生影响，实际上这"顶花带刺"的黄瓜，奥秘在于使用了植物激素。

这种能让黄瓜长成后仍带花的药，是一种生长调节剂，也就是植物激素，在黄瓜开花前用它浸泡花骨朵，可以影响正常开花，起到成果后仍然带花的效果。而通过植物激素的处理，结果率也会提高，从而增加产量，所以这种方法的使用在山东等主要蔬菜产区非常普及。

很多人肯定会问，咱们前面多次提到了植物激素，这种东西对人体究竟有多大的害处呢？

孙树侠说，按照国家的相关规定，植物生长调节剂在农业生产上是允许使用的。但是目前农业部门在每次抽检农产品的质量时，只检测农药残留量，而对于植物生长激素的抽检，目前技术还达不到要求，因此也就没有将该指标纳入检测范围之内。

（本节主要内容引自东北网）

（六）买韭菜就要挑"苗条"的

韭菜是我们生活中常吃的一种蔬菜，特别是包饺子的时候，韭菜馅的饺子最香了，而且韭菜的营养价值也很高。

据现代医学研究表明，韭菜含有大量的粗纤维，能促进胃肠蠕动，使肠胃通畅。另外，韭菜还含有硫化物及挥发性的精油，故具有独特的辛香味。这些物质除具有一定的杀菌消炎作用，有助提高人体免疫力之外，还可以降低血脂，对高血压及冠心病患者也特别有好处。

但就是这物美价廉的韭菜，现在却让人不放心起来，2004年4月28日中央电视台《中国质量万里行》节目播出"毒菜进京——敲响食品安全警钟"的专题报道中，提到了北京附近的韭菜种植重镇：五百户镇。

记者电话采访了五百户镇政府的一位工作人员，他告诉记者，五百户镇的韭菜种植面积在3万亩以上，而且受其影响，周边的刘宋镇、前屯乡，甚至是天津的武清县等都大面积种植韭菜。这里的韭菜远销东北、内蒙、北京、天津和河北周边等地。谈到香河韭菜销往北京的情况，他说："别说占北京市场的1/3，我看1/2都不为过。"他还告诉记者，当地的韭菜种植全部实现了无公害处理，禁止使用高毒农药，现在菜农都用低毒、低残留农药乐斯本。

但实际情况却是当地普遍使用3911农药给韭菜灌根，灌根时，药味刺鼻，几里外甚至都能闻到，用当地人的话说，村民在用3911灌根时，整个村庄都充满农药味，从村边路过的人都要捂住鼻子，快速跑过。

记者调查发现，香河人自己都不吃用3911灌过根的韭菜，如果要吃韭菜，也是在屋前房后，种一些不用农药的真正绿色食品。

"吃灌过根的韭菜容易拉肚子。"这是当地人对用3911处理过的韭菜危害的认识。

其实这种灌根韭菜的危害，远不是"爱拉肚子"那么简单。

孙树侠说，韭菜最容易产生韭蛆，菜农在除韭蛆时会灌注大量有机磷农药。这种农药还能刺激韭菜根系生长，令韭菜看起来新鲜翠绿，叶片丰满。但是3911属高毒农药，国家禁止其用于蔬菜、茶叶等作物上，像香河菜农这种直接用3911对韭菜进行灌根，是绝对不允许的，其残留可导致食用者头痛、头昏、无力、恶心、多汗、呕吐、腹泻，严重的可出现呼吸困难、昏迷、血液胆碱酯酶活性下降等。

孙树侠说，3911在人体内不容易被分解，如果长期食用这种有毒韭菜，那么身体内的毒素会越来越多，从而诱发更多严重危害。

如何安全购买和清洗韭菜

其实，纤细才是韭菜的自然模样。孙树侠提醒大家：

（1）买韭菜最好选菜叶较细的；

（2）闻起来有浓郁韭菜香的；

（3）吃前用流水冲洗6次，可去除95%的农药残留。千万不能长时间浸泡，否则会促进韭菜对有机磷的吸收。

市场上售卖的韭菜

（七）腌菜会不会致癌

我国很多地方的人都有吃各式各样腌菜的习惯，四川人爱吃泡菜，东北人爱吃咸菜，华北人爱吃的腌雪里蕻，都属腌菜一类。近些年来，关于腌菜是否致癌的争论十分激烈，对此，我们听听孙树侠怎么说。

孙树侠告诉我们，腌菜致癌一说，主要是因为腌制不当的咸菜，可能含有亚硝酸盐，这样的咸菜就可能致癌。这里说的腌制不当，是指我们平时说的"暴腌菜"，也就是腌制时间不够的腌菜。

孙树侠说，一般腌制的时间应当在30天以上。咸菜在开始腌制的 4 小时内，亚硝酸盐的含量并不高，在第4—20天亚硝酸盐的含量达到最高峰，然后开始下降，30天后基本消失。所以如果吃腌制时间不够的腌菜就是非常危险。但是腌制时间超过30天的话，是不会致癌的。

孙树侠提醒大家，腌制泡菜时加入一些鲜姜、鲜辣椒、大蒜、大葱、洋葱、紫苏等配料，可以帮助降低亚硝酸盐水平。

1. 冰箱放盐拌脆口小菜不安全

需要特别提醒大家的是，很多居民喜欢自己把蔬菜切碎，加点盐拌一下，在冰箱里放几天，做脆口小菜吃。实际上这也是"暴腌菜"的变种，是不安全的。

2. 添加剂超标才是不安全因素

对于市场上出售的腌菜产品来说，并不是亚硝酸盐不超标的腌菜就一定是合格产品。按照目前我国对酱腌菜类食品的抽查检测结果，正规企业酱腌菜产品的主要问题是添加剂超标，比如防腐剂超标、糖精超标、亚硫酸盐超标等。

为了少放点盐避免口味过咸，同时又避免微生物过度生长，企业往往会加入防腐剂；为了改善风味，可能加入糖精；为了让颜色更漂亮一些，可能用亚硫酸盐漂白，或放一点色素等。

3. 家庭自制腌菜的注意事项

孙树侠建议大家，爱吃腌菜的话最好还是自己动手，这样就可以避免其他添加剂的摄入。但是一定要注意前面提到的腌制时间的问题，同时，还要注意以下三点：

第一，原材料一定要新鲜，腐烂变质的原材料切忌不要用。

第二，水质清洁。

第三，放足盐，保持低温，含盐不足或者周围环境温度过高都会导致亚硝酸盐增加。

最后还要提醒大家，无论酱腌菜如何优质，其中的天然抗氧化成分也有较大损失，故而不能与新鲜蔬菜的营养价值相当，不能代替新鲜蔬菜。并且，它们毕竟是含有较多盐分的食物，经常食用容易导致高血压等心脑血管疾病。

（八）如何鉴别激素豆芽

2010年12月22日，中国新闻网曝光了一家生产豆芽的黑窝点：

黑作坊的西侧，停着一辆机动三轮车，上面堆着一层豆芽，三轮车旁边的一张桌子上也同样堆着豆芽。

记者发现，这张桌子旁放着一袋无根豆芽调节剂。执法人员介绍，这是一种能使豆芽快速生长的激素类农药，对人体有致癌、

孙树侠

如何鉴别激素豆芽

市场上买回来的豆芽

致畸形的危害，为国家明令禁止在食品生产中使用的化学制品。这些黑作坊就是用这些激素加入发豆芽的水中加速豆芽的生长，"你看，这个豆芽都快长到10厘米长了，这绝对不正常。"他表示，这种添加激素的豆芽生长周期要比不用药物的豆芽生长周期缩短一半，只要两天就可长成，而且生产成本要低很多。一名工人表示，他们每天销售的豆芽大约200斤，多数销往城乡结合部的餐馆、饭店。

这么危险的激素豆芽，我们应该怎样鉴别呢？

四招鉴别激素催生豆芽

孙树侠说，鉴别激素催生的豆芽，主要有四招：

一看豆芽茎：自然培育的豆芽芽身挺直稍细，芽脚不软、脆嫩、有光泽、白色，而激素催生的豆芽芽茎粗壮，灰白色。

二看豆芽根：自然培育的豆芽菜，根须发育良好，无烂根、烂尖现象，而激素催生的豆芽根短、少根或无根。

三看豆粒：自然培育的豆芽，豆粒正常，而激素催生的豆芽豆粒发蓝。

四看断面：折断豆芽茎的断面看是否有水分冒出，无水分冒出的是自然培育的豆芽，有水分冒出的是激素催生的豆芽。

（九）家庭如何自产无激素豆芽

孙树侠介绍说，发豆芽其实很简单，自己在家里就可以实现，这样就不用担心买来的豆芽是用激素催生的了。现在就让我们跟着孙树侠学习一下吧：

1. 烧水壶里发豆芽

找一个烧开水的壶作发绿豆的容器，把绿豆泡在壶里(水要没过绿豆)，盖上壶盖，7个小时后沥干水。

之后，每天早、中、晚各给绿豆冲水一次，记住每次冲水后都要沥干水。除了冲水外，盖子都要盖上，要让绿豆在没有光线的壶里发芽生长，4—6天后，自产的安全豆芽就可以做菜了!

2. 可乐瓶里制豆芽

找一个可乐瓶或雪碧瓶，切去上面 2/3 部分。找一个钉子放在炉子上烧热，在可乐瓶底扎孔，目的是为了漏水，不让豆芽根部腐烂。

抓一把黄豆放在碗里，凉水浸泡10小时左右，泡发后的黄豆放入可乐瓶，上面盖上一块湿布，每天冲洗两三次，5天左右，自产的安全豆芽就可以做菜了。

第五章
家庭肉食安全养生指南

一、猪、牛、羊肉安全养生指南

（一）瘦肉精事件：一头健美猪的真实写照

1. 瘦肉精检测：请猪爬45° 斜坡

说起瘦肉精，孙树侠给我们讲了一个有趣的故事：

许多养猪的村庄，都有人工建造的45° 小土坡，它的用途让人哭笑不得——养猪户们认为，检测肉猪是否食用瘦肉精的费用太高了，他们不愿出。但又不能不检测，怎么办？

于是检测单位想出了一个"土办法"，建一个45° 的斜坡，猪出栏的时候，赶到这个土坡前面，让它爬坡——这可是通往屠宰场的鬼门关呀！

那些用瘦肉精喂养的猪，肌肉发达，看起来十分健美，屁股不是圆的，而是方的——因为长满了瘦肉。这种健美的猪其实外强中干，身体虚弱，根本无法爬过45° 的斜坡。因此，猪出栏时检测不用交费了，只要你家的肉猪能爬过45° 的斜坡，就合格。

上不去的，对不起了，瘦肉精喂得太多，不合格！

2. 瘦肉精是什么

咱们总说瘦肉精，其实瘦肉精不是一种食品添加剂，而是一类动物用药的统称。任何能够促进瘦肉生长、抑制动物脂肪生长的物质，都可以叫做"瘦肉精"。

早先缺油水的时候，大家都爱吃肥肉，现在摄入脂肪太多，都爱吃瘦肉了，市场上的精瘦肉要比普通猪肉贵好多。所以牲畜饲养者看准了这个赚钱机会，用一些非常廉价的药品，减少动物体内的脂肪，增加瘦肉，赚黑心钱！

瘦肉精对人体有非常严重的害处。您想想，吃多了瘦肉精的猪爬不上坡，要是人再吃了这样的猪，对身体的危害不言而喻。

早在2006年，上海就发生过大规模的瘦肉精中毒事件，中毒者多达300多人。有了这么惨痛的教训，瘦肉精还是屡禁不止。

问题的根源在于瘦肉精出现的早期，国家相关部门没有给予足够的重视。现在，商贩、企业开发出的瘦肉精品种已经越来越多，国家检查A瘦肉精，食品企业就添加B瘦肉精，等国家发现了B瘦肉精，企业又添加C瘦肉精，就像躲猫猫一样，国家永远在后面找，永远都是亡羊补牢。

令人绝望的是，即使是雨润和双汇这样深受消费者信赖的知名大企业，产品中居然也被检出瘦肉精，实在是让消费者伤心。尤其是双汇，一直打着"十八道检测，十八道放心"的口号，现在出了让人没法放心的问题，不知双汇上上下下情何以堪呢？

3. 瘦肉精中毒的症状

具体来说，人食用过量添加瘦肉精的猪肉，可能导致心悸，面颈、肌肉颤动，有手脚发抖甚至不能站立，头晕，乏力。对于心脏病、高血压患者则危害更大。瘦肉精在猪内脏中的残留比在猪肉中更为明显，特别是在起解毒作用的肝脏里，残留大量的瘦肉精，所以喜欢吃猪肝的朋友更要小心。

瘦肉精的化学结构稳定，在动物机体内不易分解，以原形排出体外，残留时间长，含该药残留的肉经过126℃油煎5分钟，只能破坏一半的残留药。也正因为我国有食用动物内脏的习惯，国家对瘦肉精制定的

瘦肉精事件：一头健美猪的真实写照

标准比欧美等发达国家还要严格。我国明令禁止添加所有种类的瘦肉精。而在美国、加拿大、新西兰等国，部分瘦肉精的使用是合法的。所以，为了怕吃瘦肉精而吃外国肉制品的做法是不可取的。

4. 如何识别含有瘦肉精的"健美猪肉"

食用了瘦肉精的"健美猪"，有几个非常明显的特点：

第一是"瘦"：就是脂肪层非常的薄，往往不足1厘米，而且肉色异常的鲜艳。

第二是"软"：含有瘦肉精的猪肉纤维比较疏松，切成二三指宽的肉块，不能立于案上。

第三是"汗"：用手按压的时候，脂肪间时不时地会有黄色液体流出。相反，健康的猪肉，瘦肉应该是淡红色，肉质弹性好，也不会有"出汗现象"。

我们选购猪肉时，可以带上一点pH试纸，用pH来检测猪肉是否含有瘦肉精。把pH试纸贴在生肉上，正常的新鲜肉多呈中性和弱碱性，宰后1小时pH为6.2—6.3；自然条件下冷却6小时以上，pH为5.6—6.0。

而含有瘦肉精的猪肉则偏酸性，pH明显小于正常范围。

网上现在有人销售一种"瘦肉精检测卡"，把买回来的猪肉割下一小块，放在锅里煮10分钟，再取冷却后的上层液体检测，在原理上说并不十分可信，大家不能盲从。

（二）为什么要吃排酸肉

2008年5月，一个普通的早晨，江西南昌的郭女士像以往一样，去住家附近的超市买肉。她发现平时贩售猪肉的柜台旁边，多出了一个柜台，用很大的字写着"×××牌排酸肉"。再一看价格，我的乖乖，比普通的猪肉贵出了将近一倍。尽管旁边的售货员热情地介绍了排酸肉的种种好处，郭女士最后还是没有选择排酸肉。

郭女士说："倒也不是怕贵，只是现在这些厂商，就是抓住大家保健养生的心态，弄出些花样来，说是多么多么好，提高价格、多挣钱，谁知到底是不是这么回事呢？等过一阵看看大家的反应再说！"

从郭女士初次见到排酸肉到现在，已经三年多的时间过去了，但是我们经过调查发现，在超市里，选购排酸肉的人仍然是少数。问起原因，和当年的郭女士没有什么区别。一是怕贵，二是怕贵得不值。

那么，排酸肉到底是什么？对人体好不好？

1. 排酸肉是什么

孙树侠介绍说，咱们现在市场上的排酸肉，准确地说，应叫"冷却排酸肉"。排酸是现代肉品卫生学及营养学所提倡的一种肉品后成熟工艺。早在20世纪60年代，发达国家即开始了对排酸肉的研究与推广，如今，排酸肉在发达国家几乎达到了100%的市场占有率。

那么为什么要进行排酸呢？

这是因为动物死后，机体内因生化作用产生乳酸，若不及时经过充分的冷却处理，则积聚在组织中的乳酸会损害肉的品质。与凌晨宰杀、清晨上市的热鲜肉相比，排酸肉在冷却温度（0—4℃）下放置12—24小时，使大多数微生物的生长繁殖受到抑制，肉毒梭菌和金黄色葡萄球菌等不再分泌毒素，肉中的酶发生作用，将部分蛋白质分解成氨基酸，同时排空血液及占体重18%—20%的体液，从而减少有害物质的含量，确保了肉类的安全卫生。

所以您就明白排酸肉为什么贵了吧？排酸肉不但多了一道冷却的工序，而且上市时间也减慢了，并且，一斤肉就要排出2两左右的体液和血液，当然是要贵一些了。

不过您一定会说了，这个所谓的排酸，不就是冷却么？有什么了不起的，就值这么多钱？我自己把肉买回去，放冰箱里冷冻一下，不就行了么？

其实没有那么简单，冷却排酸的过程，必须在宰杀以后立即进行，才能起到排酸的效果，而肉从屠宰场到市场和超市，还要等您买回家，中间已经经历了很长时间，再冷藏就已经没有用了。

孙树侠还介绍说，现在发达国家逐渐开始采用一种电击排酸法，这样排酸就进行得更为彻底。不过这种技术在我国还没有推广，我们的排酸肉主要采用的还是冷却排酸的工艺。

2. 排酸肉有什么优点

除了减少有害物质，使肉类更加安全卫生以外，排酸猪肉与普通猪肉相比，它并没有改变肉中的营养结构组成，也就是说，排酸猪肉在营养成分上和普通猪肉是基本一样的。不过，而与冷冻肉相比，排酸肉由于经过较为充分的解僵过程，其肉质柔软有弹性，好熟易烂，口感细腻，味道鲜美，且营养价值较高。

另外，人们在食用猪肉后，人胃里的酶会把肉中的蛋白质转化为氨基酸，以便于人体吸收。排酸肉经过人工加工的方法，在人们食用前，把猪肉中的部分蛋白质转化为氨基酸，只是把这一转化提前完成了一部分。像这种在吃之前就把蛋白质转化为氨基酸的食物，尤其有利于手术后的病人食用。

所以，排酸肉虽然贵，但贵得还是有道理的。那么，如何辨别排酸肉，以免有的肉商用普通猪肉冒充排酸肉呢？

3. 如何辨别真假排酸肉

孙树侠告诉大家辨别真假排酸肉的办法：

第一，要看色泽。非排酸肉肉质成血红色，表面缺乏光泽；排酸肉肉质呈稍暗的鲜红色。

第二，要闻味道。非排酸肉有腥味和草酸味，排酸肉无腥味和草酸味。

第三，要试口感。非排酸肉肉质柴、不易烂，排酸肉肉质滑嫩可口。

（三）嫩肉粉的魅力与危害

1. 嫩肉粉的魅力

孙树侠说，前几年的时候，有一个朋友问她，说现在这家畜家禽的饲养工艺是不是先进了呀？感觉这些年，超市里猪肉、牛肉、鸡肉等各种肉品，看起来越来越鲜嫩，颜色也越来越红润。餐馆里的肉类菜品，口感越来越好，甚至连原先最嚼不烂的老牛肉，都不塞牙了……

孙树侠回答，这不是肉品品质的集体改良，而是嫩肉粉的魔力。只是，嫩肉粉虽然能提升肉类的口感，但它天使的外表下却有着魔鬼的一面——嫩肉粉暗藏许多食品安全隐患，过量使用会给健康造成严重损害。

嫩肉粉的基本配料，是木瓜蛋白酶等能够分解蛋白质的酶类，以及用来稀释和填充的淀粉。动物的肉类主要成分是蛋白质。加入了蛋白酶，长长的肌肉纤维就被切成了小段，肌肉也就因此变得松嫩，也就不

嫩肉粉的魅力与危害

会有嚼不动的肉丝卡在牙齿缝里了。由于嫩肉粉嫩化速度很快，对口感的改善又十分显著，因此被广泛应用于餐饮行业。在许多超市，嫩肉粉在调味品中的销量甚至仅次于味精。

2. 嫩肉粉的危害

有人认为，嫩肉粉源于植物性原料，应该是安全健康。

对此孙树侠说不，她说："嫩肉粉的成分不只是上面说到的蛋白酶，还添加了亚硝酸盐、磷酸盐、碳酸钠等物质。"

大家都知道，亚硝酸盐是有毒物质，人体摄入0.2—0.5克亚硝酸盐即可引起中毒，3克甚至可以致死。但它对肉类却有颇为神奇的功效，可以让肉类变得更加漂亮，颜色粉红，口感更嫩而且能够明显延长保质期。顺便说一句，市面上非常流行的烤鱿鱼也多用亚硝酸盐浸泡，对身体健康非常有害。而磷酸盐呢，尽管会妨碍钙、镁、铁、锌等微量元素的吸收，但却可以让肉类吸收更多的水分，烹调之后肉质一点不收缩，甚至比生肉还要"水嫩"，也能有效起到嫩肉的作用。

市场上调配好的牛肉往往有大量嫩肉粉

　　这样的超级嫩肉粉，能够把一片老牛肉变成嫩肉团，又让肉像化了妆一样，白里透红，与众不同，自然会受到餐馆和摊贩的接纳和欢迎，甚至有些不明就里的消费者，也把嫩肉粉加入了自己的盘子。

　　使用嫩肉粉，在餐饮业内已经是公开的秘密，各种肉丝、肉片、鱼片、牛肉，只要是要求口感鲜嫩、色泽鲜亮的菜，多半会用上嫩肉粉。而至于用多少，那完全没有固定的标准，所以很难保证亚硝酸盐不会超标。

　　"色香味俱全"一直是咱中国人对美食的要求，现在看来要大大的加上一个"安全"才行了。

　　街边的各种烤翅店、烤肉店也最爱使用嫩肉粉。烧烤店一般价格低廉，所以采购的肉往往也都不怎么好。但是你是否疑惑过，烤肉店的牛肉烤得很嫩，而自己家烤的肉口感却很老。原因何在？不是你买的牛肉不好，而是嫩肉粉在作祟。而且，市场上的嫩肉粉，由于没有相关的标准，成分非常不统一，从几块钱到十几块钱的都有，而越是便宜的嫩肉粉，亚硝酸盐的含量也往往越高。

市场上的嫩肉粉

然而，嫩肉粉的"罪过"远不止这些。一些小商贩为了多挣钱，将已经腐臭变质的肉品，用嫩肉粉处理一下，再加入一些香料，就当做新鲜肉使用了，嫩肉粉加上香料，再加上烹饪的时候厚厚的调料，一般的消费者就这么不知不觉地把已经坏掉的肉吃进了嘴里。

3. 如何购买和使用危害较小的嫩肉粉

在我们自己烹调的过程中，总的来说不建议使用嫩肉粉，想要肉质细嫩的话，用淀粉勾芡一下也就可以了。如果一定要使用的话，那么一定要在选购的时候注意：

（1）购买没有添加亚硝酸盐、磷酸盐等成分的合格产品。

（2）嫩肉粉应当用于肌肉老韧、纤维较粗和含水量较低的动物原料，而不宜用于含水量较高的鱼肉、虾肉中。

（3）要控制用量，嫩肉粉的用量应以原料重量的0.5%左右为宜。

（4）使用嫩肉粉时，应先将其溶于适量的清水后，再投入原料中，不要直接加入食材，这样比较容易搅拌均匀。

（5）嫩肉粉对原料发挥致嫩作用有一个pH值的范围，在7—7.5，而在过酸或过碱的环境中，嫩肉粉都难以发挥作用，所以在使用嫩肉粉之前，应当考虑原料或调味料是否含酸或含碱。

（四）辨别真假牛肉的办法

1. 牛肉膏无罪，造假有罪

2011年4月15日，新华网报道称："近日，安徽工商部门查获一种名为'牛肉膏'的添加剂，可让猪肉变'牛肉'。"

安徽的"牛肉膏"事件引起了强烈反响，全国各地开始普遍调查猪肉变牛肉事件，结果在许多省市地区的烧烤店、熟食店、食品加工厂，都发现了这种牛肉膏的添加剂在被广泛地使用。记者随后前往生产厂家进行调查，甚至被告知"没有货"，"要预定"。

这个神奇的牛肉膏到底是什么呢？

孙树侠说，牛肉膏又称牛肉浸膏，是采用新鲜牛肉经过剔除脂肪、消化、过滤、浓缩，再加入一些化学添加剂而得到的一种棕黄色至棕褐色的膏状物。所以，这种牛肉膏有牛肉自然香味，易溶于水，水溶液呈淡黄色，有了这种牛肉膏，就可以进行"猪肉变牛肉"的魔术了：

将牛肉膏加入块状的猪肉样本中进行搅拌。经过半个小时腌制后，猪肉变成棕黑色，有股很浓的酱味。把腌制过的肉放入锅中，用慢火炖近1个小时后，这块猪肉颜色变得更深了，已很难从肉眼上看出是猪肉，经过加工后的猪肉，其外观肉质纤维较细，与牛肉近似，吃起来也和牛肉真假难辨。

其实不光是牛肉膏，鸭肉膏、羊肉膏都早已在市场上出现了，基本上想要什么肉，就可以变成什么肉，普通消费者很难分辨。孙树侠说，许多路边的廉价烤肉摊的所谓羊肉串，都是用羊肉膏制成的。有些甚至不是用猪肉，而是用鸭肉、猫肉、兔肉等。实际上，还有人向她反映说，在一些小饭馆里，吃到过用豆腐干加工的"羊肉串"。

不过，牛肉膏和我们前面提到的许多食品安全问题不同，牛肉膏的生产并不违法。每个合格的牛肉膏生产厂家产品都有企业标准，他们的配方都经过主管部门、专家专门严格的审查，符合国家的相关法规要求，如果按照合理的量进行使用，一般来说是没有问题的。比如说咱们平时在家里做饭的时候加一点来增香调味，或者饭馆里，在真实使用牛肉的前提下，加一点来增加香味，这都是允许的。

牛肉膏的问题，主要是使用者的问题，商家，特别是一些小饭馆、小熟食店，受利益驱使，使用大量的牛肉膏来进行猪肉变牛肉。孙树侠说，一瓶一斤装的牛肉膏就足够让50斤猪肉全变成牛肉。牛肉一般都比猪肉要贵十多块，一次腌制50斤猪肉来冒充卤牛肉，就可以直接省下五百多元的成本。让人无奈的是，这种由猪肉变成的牛肉外观和牛肉十分相似，很难辨别。

2. 辨别真假牛肉的办法

孙树侠给我们介绍了以下两条辨别真假牛肉的办法：

（1）猪肉有种特有的甜味，而牛羊肉气味较腥。

（2）一般来说，牛肉的纤维长度较长，肉质结构粗并紧凑；而猪肉的纤维长度较短，肉质结构细并松散，所以食用牛肉时感到肉老，食用猪肉时感到肉嫩。

另外，孙树侠还特别提醒大家，因为牛肉膏在熟食店使用得特别普遍，所以大家不要买色泽看起来过于红艳的卤牛肉。

腌肉会不会致癌

"等一会儿出院回家，我要把家里晒着的霉干菜、萝卜头，冰箱里藏的腌肉、咸鱼统统扔进垃圾桶，你们可不要拦我啊……"一大早，杭州市中医院外科病区，67岁的临安人王珍美大妈对两个接她出院的女儿说。这则来自《人民日报》的新闻，再一次引起了大家对于腌肉是否致癌的争论。

1. 腌肉会不会致癌?

关于腌肉会不会致癌的讨论可谓旷日持久。很早就有人提出,盐、腌肉、熏肉这三种食物是胃癌的"三大同谋"。因为经常食用腌肉、腌菜,会使体内的硝酸盐和亚硝酸盐量增高,从而诱发癌症。但是,随着科学的发展,现在已经有了新的食品添加剂替代硝酸盐、亚硝酸盐作发色剂,这样一来,腌肉是否致癌也要分情况对待了。

2. 腌肉致癌的关键——亚硝酸盐

亚硝酸盐又被称之为发色剂亚硝酸盐,其主要功能是对肉类防腐,是防腐剂中毒性最大的一种,稍有过量就会导致中毒。目前国家标准明确规定,熟肉制品中亚硝酸盐的含量不得超过500毫克/千克。

但是,不久前,中国农业大学营养与食品安全系副教授范志红和她的学生们对北京市场上10种嫩肉粉和腌肉料进行鉴定,居然发现它们全部含有防腐剂亚硝酸盐,一些肉制品中亚硝酸盐的含量居然高达3180毫克/千克。

传统的腌肉工艺中都是使用食用食盐,而现在很多人直接使用腌肉料,如果腌肉料中含有超标的硝酸盐,就会导致腌肉中毒的风险。所以,大家自己腌肉,一定要谨慎用料,在外面购买腌肉时,要看清楚商品上所标示的添加剂。

市面上很多腌肉添加硝酸盐是为了提高卖相,所以消费者在选择的时候,也不要只重外表,盲目选择色泽红亮诱人的,往往是添加剂较多的。

3. 忌食腌肉的人群

除了添加剂之外,腌肉能不能对人体产生危害,也是因人而异,下列人群最好不要食用腌肉:**老年人忌食;胃和十二指肠溃疡患者禁食;湿热痰滞内蕴者不宜食;肥胖、血脂较高、高血压者不宜多食或忌用;外感病人亦不宜食。**

腌肉的发明,是先民们为了应对食物的匮乏而用的一种贮存手段。

今天我们早已摆脱了没肉吃的困境，还是尽量多吃鲜肉，少吃腌肉，毕竟身体健康比口感更重要。

（五）为什么要多喝久煮骨汤

想必大家都有这样的经历：家里做炖排骨的时候，炖的骨头汤都是好东西，一般都专门盛出来给老人、孩子喝。有的家庭还有这样的习惯，在孩子长身体的时候，隔三差五的家里就要炖骨头汤给他们喝，家里有人怀孕，也要喝骨头汤。这都是根据咱们一贯"吃什么补什么"的饮食传统，觉得骨头汤可以补钙。

但是，有科学研究表明，骨头汤的补钙效果其实微乎其微。有关检测证明，一碗猪骨汤中所含钙量仅有1.9毫克，与更年期妇女每日所需1000毫克以上钙量相去甚远，如果仅靠喝汤来满足补钙的话，那她至少每天要喝500碗骨头汤。

然而，我们就因此要否定骨头汤的滋补作用么？孙树侠坚决地告诉我们，不是的。

1. 骨头汤的妙处

孙树侠说，分析骨头汤的补钙作用，不能仅仅分析骨汤中的钙含量。虽然仅仅从钙含量的角度来说，骨头汤确实得要喝几百碗才能满足人体对钙质的需求，但是骨头中含有的骨素类营养成分，对人体健康非常重要，而这些成分恰恰是从普通的钙片等补钙产品中无法获取的。比如成骨素可以增强骨密度，减低骨折骨裂的机会，还可以调节胰岛素的活性。

同时，骨头汤中还含有大量的胶原蛋白，爱美的女性对胶原蛋白一定钟爱有加，它是人体皮肤真皮层的主要成分，占80%以上。胶原蛋白

喝久煮骨汤大有好处

在皮肤中构成一张细密的弹力网，能锁住水分，如支架般支撑着皮肤。在皮肤中，胶原蛋白是"弹簧"，决定着皮肤的弹性和紧实度；也是"水库"，决定着皮肤的含水量和储水力。胶原蛋白直接决定着皮肤的水润度、光滑度、紧致度和"皮肤年龄"。

所以，骨头汤的滋补作用还是很明显的。另外，煮骨头汤的时候，还要提醒大家注意以下两点：

2. 骨头汤煮4遍才有钙

解放军309医院营养科张晔做过一个实验：用2.5千克猪棒骨，加入2升水和10毫升醋，放在高压锅里炖，待压力上来后炖20分钟。把汤和棒骨上的肉吃完后，同样再加入2.5升水和10毫升醋，在高压锅里炖20分钟。如此反复。

同时，她用试剂纸来测定是否有钙，如果有钙，试剂纸就会变白，白色越明显说明钙含量越高，但是具体含量无法确定。她发现，前三次汤中并没有钙。待到第四次后，大量钙质才会从棒骨中被逐渐煮出来，到第10遍时钙含量就会逐渐下降，到第14遍后钙就完全没有了。

3. 煮骨汤时，要加入一些醋

钙主要以羟基磷灰石形式存在于骨骼中，溶解度极低，加醋可以帮助钙质从骨头中游离出来，同时，加入一点醋还可以降低骨头汤的油腻。

所以，虽然骨头汤不是传统意义上的"补钙佳品"，但仍然是一种质优价兼的营养汤品，适合我们日常补充营养。

二、鸡、鸭、鹅安全养生指南

鸡、鸭、鹅都是老百姓盘中的常客，它们肉质鲜嫩，营养价值高，一直以来深受人们喜爱，但是，麦乐鸡事件、假鸭血事件一次次冲击着大众的胃口，平时看起来最普通不过的食物，怎么会隐含着这么多危险？

（一）麦乐鸡事件

远离油炸食品，不管是麦当劳肯德基，还是街上的炸鸡店，都隐含着很大的风险！

2011年7月，有媒体突然曝料：麦当劳所售麦乐鸡中含有"聚二甲基硅氧烷"和"特丁基对苯二酚"。这一消息传出之后，立马引来无数口水仗，很多钟爱麦当劳的粉丝们也开始犹疑。对此，麦当劳中国公司回应说，这两种物质含量均符合现行国家食品添加剂使用卫生标准。

随后，国家食品药品监督管理局就此事件召开了专家论证会，并且会同有关部门组织检测了麦当劳麦乐鸡等相关产品。新浪网还对超过六千名网友进行了在线调查。经过众多专家论证，这两种添加剂并非网上谣传的那么恐怖，很多加工的肉制品及我们天天吃的食用油里面都有，只要不超标，就没事。

那这两种添加剂到底是什么？

小科普——"涉案"添加剂：聚二甲基硅氧烷、特丁基对苯二酚

聚二甲基硅氧烷：可作为消泡剂和抗结剂，在乳粉、植物油脂、蔬菜水果制品、饮料等食品中使用，使用量为0.01—0.11克/千克，美国允许用于多类食品的加工，最终食品中的含量一般不超过0.01克/千克。

特丁基对苯二酚：可作为抗氧化剂在植物油脂等食品中使用，使用量在0.1—0.4克/千克，美国允许其单独使用或与其他抗氧化剂联合使用，其含量不能超过食品油脂含量的0.02%。

可见这两种添加剂也并非洪水猛兽，只要严格控制用量，也没有大碍，据卫生部门检测，麦当劳的食品中确实没有超标使用，但是，对网友的调查显示，60%的人并不信服这一结果，而且表示以后不会再去购买这一食品。

对此，有专家指出，其实我们日常食用的食品中，97%都含有添加剂，大家应该理性地看待添加剂。我们购买食品都喜欢看上去光鲜亮丽的，这主要就是依靠添加剂。添加剂在小范围内对人类没有太大的副作用，如果不是天天吃对身体就没有什么坏处，但吃过了，积累多了，可能就会出问题，所以，适量是关键。

麦当劳这次事件虽然已经渐渐平息了，但人们对于洋快餐的态度一直以来都是一半追捧，一半抵触的。其实不只中国如此，连美国本土也常常掀起抵制风潮。

2011年5月份，美国50个州的550多名健康专家和机构发出一封联名信，矛头直指美国快餐业巨头——麦当劳，要求其"停止向儿童推广垃圾食品"。这些健康专家和机构认为，美国患有糖尿病和心脏病等的儿童不断增多，而造成这一悲剧的罪魁祸首就是麦当劳之类的快餐店。

此次活动除了呼吁麦当劳停止向儿童推销高盐、高脂肪、高糖分和高热量的食品，以及通过麦当劳大叔形象或麦当劳玩具等方式进行推销

外，组织者还要求其制定一份健康指数评估报告，以回应公众对快餐和儿童肥胖相关性的关注。

其实，最终的选择权还是掌握在咱们消费者手中，即便是关了洋快餐，也不能从根本上改变人们的饮食结构。现在，大家可以看到，很多街头小巷，尤其是学校附近，常常有一些流动的快餐车。那些快餐车上兜售的炸鸡，比起麦当劳的来说危害更大。

2011年8月《京华时报》报道：一个小女孩因吃了家长从无照鸡肉店购买的炸鸡块后，不幸中毒身亡。后来经过检验，发现小女孩食用的鸡块中亚硝酸盐超出国家标准150倍。

这则悲剧再次为我们敲响了警钟，远离油炸食品，不管是麦当劳肯德基，还是街上别的炸鸡店，都隐含着很大的风险，尤其是对于成长期的孩子，父母一定要注意引导，从小就要帮助孩子养成健康的饮食习惯，切勿酿成此类悲剧。

（二）小心假鸭血

制造假鸭血的甲醛，在有毒化学品名单上赫赫有名，已经被世界卫生组织确定为致癌和致畸形物质，是公认的变态反应源，也是潜在的强致突变物之一。

鸭血营养丰富，含铁量高，而且低脂肪、低热量，具有补血、护肝、排毒养颜的多重功效。南京有一道名吃就叫"鸭血粉丝汤"，相信很多吃过的朋友一定忘不了它鲜香扑鼻的味道。但是，近日来，网上频频爆出"假鸭血"事件，着实让很多鸭血迷们伤透了心。

2002年，有关部门在吉林省长春市南关区东岭南街，查获一处用牛血和化工原料加工假"鸭血"黑窝点，销毁假冒劣质"鸭血"及原料1000千克。涉案的3名制假人员被刑事拘留，制假业主被判处有期徒刑

杀猪

小心假鸭血

8个月，2名参与制假者被判拘役6个月，并处罚金18000元人民币。这一"假鸭血"案被列入了当年食品安全十大案之一。

但是，这并未阻止黑心奸商的谋利之心，2008年《新京报》再次爆出消息说，北京市场上散装鸭血大量造假，再次掀起轩然大波。其实不止北京，鸭血造假案在全国各地都频频上演，屡禁不止，很多消费者已经不敢去买鸭血了，这"假鸭血"背后到底隐藏着一个多么复杂的利益链呢？

1. 揭开假鸭血的秘密

2008年11月，新京报记者接到市民举报之后，根据鸭血的来源，顺藤摸瓜进行了调查，发现北京市场上很多散装鸭血其实是猪血或牛血制成的。对此，很多商贩并不避讳，因为大家都知道鸭血产量少，价格高，而牛血和猪血则便宜很多。在利益驱使下，很多人都自己制作假鸭血，然后卖给一些小餐馆。

2. 假鸭血的危害在哪里

有的人看了之后可能觉得，所谓假鸭血，也不过就是猪血、牛血，似乎也没有多大危害。但你想想，猪血那么粗糙，怎么会摇身一变成鸭血呢？这其中，甲醛至为关键。只有加入甲醛，才能使得粗糙的猪血和牛血凝固得更好，质感更加细腻，颜色更加红润，这也是很多真假鸭血难以辨识的原因。

3. 甲醛是什么

甲醛在有毒化学品名单上赫赫有名，已经被世界卫生组织确定为致癌和致畸形物质，是公认的变态反应源，也是潜在的强致突变物之一。有关研究表明：甲醛具有强烈的致癌和促癌作用。大量文献记载，甲醛中毒对人体健康的影响主要表现在嗅觉异常、刺激、过敏、肺功能异常、肝功能异常和免疫功能异常等方面。

现在，大家明白假鸭血的危害了吧？尤其是常吃的人，千万要注意了，一定要擦亮眼睛，好好辨认，争取在大超市，有保障的正规渠道购买真鸭血。

（三）如何辨别真假鸭血

一看颜色：

真鸭血是暗红色，假鸭血则是咖啡色。

二看外观：

购买的时候动手掰一掰，真鸭血比较脆，假鸭血有韧性，可以拉伸，而且掰开后里面有蜂窝状气孔。

三品口感：

真鸭血入口细腻滑嫩，有香味，而假的没什么味道，而且比较柔韧，跟果冻似的。

总之，现在的市场上确实充斥着很多假鸭血，大家要吃得放心，去色块千万不要怕麻烦，更不要为了贪小利得了大病。

（四）注水鸡

注水之后的鸡肉保存时间变短，容易腐烂变质，更可怕的是注入了污水的鸡！

中国人喜欢吃鸡，传统的节日宴席上都要有鸡，因为鸡谐音

如何识别注水鸡

"吉"，代表着吉祥如意的美好愿望。鸡肉确实是一种非常美味，又非常健康的食品。和牛肉、猪肉比较，鸡肉的蛋白质的质量较高，脂肪含量较低。此外，鸡肉蛋白质中富含必需氨基酸，其含量与蛋、乳中的氨基酸谱式极为相似，因此为优质的蛋白质来源。

但是，鸡肉的营养价值能否发挥出来，还要看你挑选的本领了。传统社会里，很多人都是自己养鸡，或者购买活鸡自己宰杀。现在生活越来越便利了，我们的食材大部分都是加工好的，鸡肉也是。很多市民为了节省做饭的时间，都喜欢去超市里买剖洗干净的现成鸡肉。

凡事都有利弊，图省事去超市买现成鸡肉，难免也会出现各种问题。2011年11月，就有合肥市民怀疑自己在超市买到了"注水鸡"。据报道，这位市民在自己家附近的一家超市里买了一只宰杀好的鸡，等回家一翻炒，没想到炒出来估摸小半碗水。

说起注水鸡，2011年9月，山西省太原市执法人员在顶好菜市场"诚彬水产肉禽批发部"查获了83件未经准入的"问题"冻鸡产品（每件装7只至10只鸡），在其租用的冷库内发现涉嫌注水鸡1000多件。

1. 注水鸡有什么危害

往鸡肉里注水是为了增加重量，谋取更高的利润。但是，注水之后的鸡肉保存时间变短，肉质容易腐烂变质。甚至有些不法商贩注射器随身携带，随时随地注水，有的是注沟河污水。

（五）如何识别注水鸡

孙树侠教大家识别注水的鸡：

1. 拍鸡肉

注水的鸡肉特别有弹性，如果一拍就会有"噗噗"的声音。

2. 看翅膀

扳起鸡的翅膀仔细查看，如果发现上边有红针点或乌黑色，那就可能已经注了水。

3. 捏皮层

在鸡的皮层用手指一捏，明显地感到有打滑的现象，一定是注过水的。

4. 抠胸腔

有的人将水用注水器打入鸡腔内的膜和网状内膜内。只要用手指在

市场上常见的注水鸡翅——微波炉加热，能出大量水分

上面轻轻地一抠，注过水的鸡肉网膜一破，水就会流淌出来。

5．用手摸

如果没有注过水的鸡，摸起来比较平滑。如果皮下注过水的鸡，高低不平，摸起来像长有肿块。

6．拿纸试

拿一张干燥易燃的薄纸，贴在已去毛的鸡鸭背上，稍加压力片刻，然后取下来燃烧，如果燃烧，说明没有注过水，否则说明是注水的鸡鸭。

（六）如何挑选活鸡

也许你会想，既然买鸡肉成品风险这么大，干脆自己买个活鸡回家宰杀得了。这样也不错，不过，挑选活鸡也有窍门。

1．看外形

健康的鸡看起来很有活力，羽毛紧密光滑，眼睛灵活有神，而且鸡冠子颜色鲜红；而病鸡神态羸弱，了无生气，千万不要买。

2．看鸡脚

如果脚掌皮薄，无僵硬现象，脚尖磨损少，脚腕间的突出物短的是嫩鸡。这种鸡肉质比较鲜嫩，烹调起来不用很长时间，而且口感比较好。我们做鸡汤都爱用散养鸡，如何识别？还是看脚，散养鸡的脚爪细而尖长，粗糙有力；而圈养鸡脚短、爪粗、圆而肉厚。

3. 看刀口

如果购买已经宰杀好的鸡，就要仔细看看是不是活鸡宰杀的，这就要看屠宰的刀口：如果是活鸡屠宰，刀口不平整，放血良好；刀口平整，甚至无刀口，放血不好，有残血，血呈暗红色，则可认定它是死后屠宰的鸡。

三、河鲜、海鲜安全养生指南

河鲜、海鲜是大家日常生活中的重要食品。鱼、虾、蟹等含有丰富的蛋白质，而且脂肪含量很低。海带、紫菜等海中植物含有丰富的碘和铁。常吃海鲜，有利健康，这是大家都知道的，但如何挑选安全优质水产品却并非每个人都有把握。

（一）水产品里的孔雀石绿事件

2005年6月5日，英国食品标准局在一家知名的超市连锁店出售的鲑鱼体内发现孔雀石绿成分，发出了继苏丹红1号之后的又一食品安全警报。有媒体调查后发现，在我国很多地方，孔雀石绿仍在被普遍使用。2005年7月7日，农业部办公厅下发了《关于组织查处孔雀石绿等禁用兽药的紧急通知》，在全国范围内严查违法经营、使用孔雀石绿的行为。

1. 什么是孔雀石绿

所谓的孔雀石绿是一种带有金属光泽的绿色结晶体。孔雀石绿作为

市场上的水产品

一种化工染料，曾被广泛用于水产养殖业，它可以防止霉菌感染，使鱼看起来更光鲜。但研究表明，由于孔雀石绿在水产品上的残留对人体有害，因此国家禁止在水产养殖业中使用。孔雀石绿的主要危害在于所含的化学功能团三苯甲烷可致癌。鉴于此，2002年5月中国农业部已将孔雀石绿列入《食品动物禁用的兽药及其化合物清单》。

2. 为什么屡禁不止

既然孔雀石绿早在2002年就已经属于禁用化合物了，为什么2005年浙江、江西、安徽等地出口的鳗鱼产品中，依然检验出含有孔雀石绿呢？因为它可以抑菌保鲜，对于需要长途运输的出口产品来说，添加它可以让水产品看起来更加新鲜诱人，于是不法商人铤而走险。

3. 如何让孔雀石绿现形

受孔雀石绿事件的影响，很多出口水产品的企业信誉受到强烈质疑，陷入了出口危机之中，因此，国家也正式出台了孔雀石绿检测标准，通过一种高效的检测仪器，只需20分钟，就可以检测出水产品中的孔雀石绿是否超标。目前这种检测仪器已经投入市场。

4. 新兴水产品消毒剂投入使用

在孔雀石绿事件之后，中国检验检疫科学院推出了一种新型水产品消毒剂。这种新型水产品消毒剂是运用氧化电位原理研制而成，在适当的水温条件下，能有效防控不同水生动物的水霉病等病原和寄生虫，而且不会留下像孔雀石绿那样的有毒残留物。这种名为"检科一号"的消毒剂，目前已在北京、山东等地投入试用。

5. 警惕鱼罐头

因为这次孔雀石绿事件的影响，很多消费者对于鱼罐头的品质也产生了质疑。毕竟，我们熟悉的三大鲮鱼罐头品牌珠江桥、鹰金钱、甘竹中都检测出了孔雀石绿。鱼罐头到底安不安全？

6. 鱼罐头的利弊

大家都知道鱼肉的营养价值很高，富含蛋白质，做成罐头之后，它的营养价值会发生什么变化呢？其实，经过高温高压灭菌，鱼肉中的B族维生素会大量损失。与此同时，鱼骨头变软变酥，可以使大量钙质溶

孙树侠

怎么挑选优质水产品

市场上出售的水产品

出，罐头鱼的含钙量比鲜鱼增加了10倍以上。所以从营养价值上来说，做成罐头的鱼也还是很有营养的。

但是，罐头鱼也有弊端，鱼体内的污染物会随着高温高压释出，尤其是一些深海鱼，其中的铅汞对人体的危害是很大的。相比之金枪鱼、鲨鱼、海鲈鱼、剑鱼、梭子鱼、马林鱼、鳕鱼等容易受污染的鱼来说，三文鱼、鳟鱼和黄鱼较为安全。而且所有罐头食品都无一例外的含有防腐剂，多吃对人体肯定是不好的。

（二）怎么挑选优质水产品

水产品的品质和生长的环境息息相关，随着工业化的加快，很多水域的污染情况也越来越令人忧虑，生长于其中的水产品也不可避免地受到牵连。很多人喜欢吃水产品，在消费过程中就一定要把好质量关。

挑选水产品的窍门很多，而且因物而异。

1．如何挑选新鲜鱼

　　鱼是大家最常吃的水产品了，怎么挑呢？先看颜色，新鲜的鱼鳞片比较有光泽，而且表面黏液是透明的。然后看鱼眼睛，如果澄亮、饱满，而且眼球黑白界限分明，那就是刚死不久的。最后再闻，鱼都有腥味，但是新鲜的鱼没有腐臭味，这一点常买的人都有经验。当然，买水箱里的活鱼，更新鲜。

2．如何挑选新鲜虾

　　买虾的时候，要挑选虾体完整、甲壳密集、外壳清晰鲜明、肌肉紧实、身体有弹性，并且体表干燥洁净的；那些肉质疏松、颜色泛红、闻之有腥味的，则是不够新鲜的虾，不宜食用。

3．如何挑选大闸蟹

　　2011年中秋，大闸蟹着实火了一大把，淘宝网上阳澄湖大闸蟹团购一波接一波，要挑选优质的大闸蟹，先要挑那些蟹壳看上去有光泽，呈墨绿色的，然后看肚脐突出来的，一般比较丰满肥美，此外还要看足爪是不是结实，将螃蟹翻过身来，看它能不能迅速翻身，这主要是判断它的活力。俗话说，农历八月挑雌蟹，九月过后选雄蟹。对于螃蟹来说，按照时令选择雌雄也是非常关键的。

4．如何挑选鱿鱼

　　挑选优质鱿鱼，首先是"看"：一看其体型是否完整；二看色泽和肉质——好的鱿鱼是粉红色，有光泽，体表面略现白霜，肉肥厚，半透明，背部不红。劣质鱿鱼体形瘦小残缺，颜色赤黄略带黑，无光泽，表面白霜过厚，背部呈黑红色或霉红色。

其次是"摸"：可以压压鱿鱼身上的膜，是否紧实、有弹性；扯一下鱼头，看是否与身体连接紧密，否则就是次品。

此外，在烹饪的时候还需注意，鱿鱼一定要熟透了再吃，因为其中还有一种多肽成分，未熟透食用会导致肠胃失调。

5．如何挑选鉴别海味干品

好多内地的消费者经常购买海味干品，但干品的鉴别比新鲜更难。挑选的时候要注意，先看看色泽，好的鱼干、鱼鲞、鳗鲞色泽微黄，质地较硬，无血块、内脏、黑膜等残留，具有鱼干（如鱼鲞、鳗鲞）特有的气味，无油蚝味，无杂质。

不好的鱼干、鱼鲞、鳗鲞，经漂白剂处理的，色泽呈现灰白或白色；经漂白粉或二氧化氯处理的，色泽灰白，取少许于手心用力搓，微有氯气味；经亚硫酸盐等物处理的，色泽灰白，取少许于手心用力搓，微有臭鸡蛋味。

此外，如闻有油蚝味，鱼体内侧色泽呈深黄色，这是鱼干、鱼鲞、鳗鲞的晒干时间过长或温度过高，贮藏温度过高或时间过长所致；如质地柔软，这是因为鱼干、鱼鲞、鳗鲞的水分含量过高。这两类海味干品均不宜购买。

小心垃圾食品

所谓"垃圾食品"（Junk Food），是指仅仅提供一些热量，别无其它营养素的食物，或是提供超过人体需要，变成多余成分的食品。据联

小心垃圾食品

合国卫生组织的划分，油炸类食品、腌制类食品、饼干类食品、汽水可乐类食品、方便食品、罐头食品、话梅蜜饯类食品、冷冻甜食以及烧烤类食品，都在"垃圾食品"之列。

垃圾食品有什么危害

1. 油炸淀粉类食品会导致心血管疾病，且含致癌物质，破坏维生素，会使蛋白质变性。

2. 腌制类食品会导致高血压，肾负担过重，导致鼻咽癌。

3. 肉干、肉松、香肠等含三大致癌物质之一——亚硝酸盐。

4. 饼干类食品（不含低温烘烤和全麦饼干）含有很多香精和色素，长期食用对肝脏功能造成负担；而且热量过多、营养成分低。

5. 汽水、可乐类食品含磷酸、碳酸，会带走人体内大量的钙。

6. 方便类食品（主要指方便面和膨化食品）含盐分过高，含防腐剂、香精，损肝。

7. 罐头类食品破坏维生素，使蛋白质变性；且热量过多，营养成分低。

8. 话梅蜜饯类食品含三大致癌物质之一——亚硝酸盐；含防腐剂、香精，损肝。

9. 冷冻甜品类食品含奶油极易引起肥胖。

10. 烧烤类食品含大量三苯四丙吡（三大致癌物质之首）。

为什么垃圾食品越吃越上瘾

垃圾食品并非碰不得，偶尔吃一点也没有大碍。但是，很多人明白这个道理，却总是管不住自己的嘴。为什么呢？国外一项研究显示，研究人员向肥胖者和嗜吃者展示他们喜爱的食物照片，之后扫描这些人的大脑。扫描结果显示，他们大脑中眶额皮层会产生大量多巴胺，这一反应与"瘾君子"看到毒品反应类似。

拒绝"问题零食"的诱惑

每到下午3点，办公室里就有人开始蠢蠢欲动了，零食已经让很多办公室白领无法释手。尤其近年来零食的品种越来越多，广告做得越来越诱人，包装越来越精美，更是吸引了众多年轻人群。但是，这些外表精美，号称健康的零食背后，隐藏着很大的问题。

很多人喜欢吃牛肉干，是因为生产商在里面添加了大量的香精、香料和添加剂——有的牛肉干里面压根没有牛肉，却比牛肉的口味还香。再说各类饼干，不仅含糖量极高，而且很多饼干都是采用氢化油加工，在增加口感的同时，也会提高人体的胆固醇含量，埋下心血管病的隐患。

很多MM钟爱奶茶，喜欢在午后泡一杯奶茶静静享受，其实，所谓的奶茶都是用植脂末、香精、色素和糖勾兑成的。名曰"奶茶"，里面根本就没有奶，而是用奶精给你一种香浓的幻觉。如果经常摄入这种奶精，会增加乳腺癌、糖尿病和老年痴呆症的发病率。对于儿童来说危害更大，可能会影响整个生长发育和神经系统的健康。

所以，面对这些包装光鲜诱人的问题零食，我们一定要学会说"不"。每天规律饮食，适时加餐时可以选择水果、坚果等，既营养又美味，少喝一些奶茶和咖啡，多喝绿茶等健康饮品。

第·六章

家庭食用油调料安全养生指南

一、食用油安全养生指南

（一）家庭选什么食用油

"换着吃，不如调着吃，调着吃，不如购买调和油。"

1. 食用油混着吃更营养

食用油是我们每日生活的必需品，特别是咱们中国人，煎、炒、烹、炸，样样都离不开油。但是现在，超市里油的种类越来越多了，价格差距也非常大，一斤油从几块到几十块都有，让我们眼花缭乱，无从选择。现在，孙树侠就来告诉你，这些油的区别在哪里，家庭厨房应该如何选油。

孙树侠介绍说，食用油的主要成分是脂肪酸，因此可以说，吃油就是吃脂肪酸，食用油的最大差异也就是脂肪酸，脂肪酸分为饱和脂肪酸、单不饱和脂肪酸、多不饱和脂肪酸。动物油的饱和脂肪酸含量较高，而植物油是不饱和脂肪酸含量高，菜子油、橄榄油、核桃油是油酸含量高，而大豆油、玉米油、葵花子油是亚油酸含量高，而亚麻油则是亚麻酸含量比较高。

各种食用油的脂肪酸含量不同，因此，孙树侠建议大家选购食用油的时候，最好是换着选、换着吃，这样能够使膳食脂肪酸营养更为均衡，当然，现在市场上已经有能帮助人体摄取饱和脂肪酸、单不饱和脂肪酸、多不饱和脂肪酸平均比例接近1∶1∶1的食用油可供选择。当然，因为我们普通百姓很难掌握好脂肪酸的平衡，所以孙树侠也建议大家

市场上的调和油

"换着吃，不如调着吃，调着吃，不如购买调和油"。

2. 常见食用油营养价值一览

为了方便大家选购适合自己家庭的油类，下面，我们就来具体看一下市场上各种常见油类各自的特点：

（1）花生油

花生油淡黄透明，色泽清亮，气味芬芳，是一种比较容易消化的食用油。花生油含不饱和脂肪酸80%以上(其中含油酸41.2%，亚油酸37.6%)。另外还含有软脂酸、硬脂酸和花生酸等饱和脂肪酸19.9%

总的说来，花生油的脂肪酸构成是比较好的，易于人体消化吸收。花生油可以促进宝宝的大脑发育，宝宝如果缺锌，就会出现发育不良，智力缺陷等症状，而花生油中所含有的脑磷脂、卵磷脂和胆碱也可以有效地改善记忆力，对宝宝的智力开发益处多多。

所以有宝宝的家庭，建议购买花生油。

（2）大豆油

大豆油的色泽较深，有特殊的豆腥味；热稳定性较差，加热时会产生较多的泡沫。大豆油含有较多的亚麻油酸，较易氧化变质并产生"豆臭味"。从食用品质看，大豆油不如芝麻油、葵花子油、花生油。

从营养价值看，大豆油中含棕榈酸7%—10%，硬脂酸2%—5%，花生酸1%—3%，油酸22%—30%，亚油酸50%—60%，亚麻油酸5%—9%。大豆油的脂肪酸构成较好，它含有丰富的亚油酸，有显著的降低血清胆固醇含量、预防心血管疾病的功效。大豆油中还含有多量的维生素E、维生素D以及丰富的卵磷脂，对人体健康均非常有益。另外，大豆油的人体消化吸收率高达98%，所以大豆油也是一种营养价值很高的优良食用油。

（3）菜子油

菜子油一般呈深黄色或棕色。菜子油中含花生酸0.4%—1.0%，油酸14%—19%，亚油酸12%—24%，芥酸31%—55%，亚麻酸1%—10%。从营养价值方面看，人体对菜子油消化吸收率高达99%，并且有利胆功能。在肝脏处于病理状态下，菜子油也能被人体正常代谢。

不过菜子油中缺少亚油酸等人体必需脂肪酸，且其中脂肪酸构成不平衡，所以营养价值比一般植物油低。另外，菜子油中含有大量芥酸和芥子苷等物质，一般认为这些物质对人体的生长发育不利。如能在食用时与富含亚油酸的优良食用油配合食用，其营养价值将得到提高。

（4）芝麻油(香油)

芝麻油有普通芝麻油和小磨香油，它们都是以芝麻为原料制取的油品。从芝麻中提取出的油脂，无论是芝麻油还是小磨香油，大体含油酸35.0%—49.4%，亚油酸37.7%—48.4%，花生酸0.4%—1.2%。芝麻油的消化吸收率达98%。芝麻油中不含对人体有害的成分，而含有特别丰富的维生素E和比较丰富的亚油酸。

经常食用芝麻油可调节毛细血管的功能，增强组织对氧的吸收能力，改善血液循环，促进性腺发育，延缓衰老。所以芝麻油是食用品质好、营养价值高的优良食用油。

（5）葵花子油

葵花子油呈清亮好看的淡黄色或青黄色，其气味芬芳，口味纯正。葵花子油中脂肪酸的构成受气候条件的影响，寒冷地区生产的葵花子油含油酸15%左右，亚油酸70%左右；温暖地区生产的葵花子油含油酸65%左右，亚油酸20%左右。

葵花子油的人体消化率96.5%，它含有丰富的亚油酸，有显著降低胆固醇，防止血管硬化和预防冠心病的作用。而且亚油酸含量与维生素E含量的比例比较均衡，便于人体吸收利用。所以，葵花子油是营养价值很高、有益于人体健康的优良食用油。

（6）亚麻油

亚麻油又称为胡麻油，是我国最传统的油类品种。亚麻油中含饱和脂肪酸9%—11%，油酸13%—29%，亚油酸15%—30%，亚麻油酸44%—61%。

亚麻油有一种特殊的气味，有的人非常喜欢，有的人非常不喜欢。由于含有过高的亚麻油酸，贮藏稳定性和热稳定性均较差，其营养价值也比亚油酸、油酸为主的食用油低。

（7）红花子油

红花子油含饱和脂肪酸6%，油酸21%，亚油酸73%。由于其主要成分是亚油酸，所以营养价值特别高，并能起到防止人体血清胆固醇在血管壁里沉积、防治动脉粥样硬化及心血管疾病的医疗保健效果。

此外，红花子油中还含有大量的维生素E、谷维素等药用成分，所以被誉为新兴的"健康油"、"健康营养油"。

（8）橄榄油

油脂呈淡黄绿色，具有令人喜爱的香味，温和而特殊的口味，在低温（接近于10℃）时仍然透明。因此低压头道冷榨橄榄油是理想的凉拌

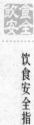

市场上的橄榄油

用油和烹饪用油。

橄榄油在生产过程中未经任何化学处理，所含维生素A、维生素D以及不饱和脂肪酸的总量达到80%以上。其中油酸占86%，亚油酸占1%—5%，花生酸占0.9%，人体消化吸收率可达到94%左右。

与谷物油脂相比，它的亚油酸含量较低，维生素E的含量也较低。橄榄油中含有一种名叫多酚的抗氧化剂，它可以抵御心脏病和癌症，并能与一种名叫角鲨烯的物质聚合，从而减缓结肠癌和皮肤癌细胞的生长。因此，橄榄油的营养价值较高。

但特别需要注意的是，尽管橄榄油好处多多，但并不适合加热，一经加热其中的营养成分会大打折扣，所以不建议大家在炒菜的时候使用橄榄油。

（9）核桃油

核桃油中富含丰富的磷脂，是大脑必不可少的重要营养素，对促进宝宝的智力发展，维持神经系统机能的正常运转大有好处。核桃油中还含有角鲨烯及多酚等抗氧化物质，可以促进宝宝的生长发育，保持骨质密度，并可保护皮肤，防辐射，增强免疫力，对婴幼儿来说还具有平衡新陈代谢、改善消化系统的功效。

核桃油也不适于高温烹饪。

（10）山茶籽油

山茶籽油是我国传统的木本食用植物油之一，之所以称其为"东方橄榄油"是因为山茶籽油的油脂组成及营养成分都与橄榄油极其相似，不但可以降低胆固醇，还可以使宝宝提高免疫力，增强胃肠道的消化功能，促进钙的吸收，对生长期的宝宝尤其重要。

另外，山茶籽油还是比较接近人奶的自然脂肪，是较适合婴儿的优秀食品，而其中的维生素E和抗氧化成分，不但可以预防疾病，还有养颜护肤的美容效果。

总之，大家在选购油的时候，不要盲目跟风，更不要只买贵的不选对的，一定要考虑自己家庭的实际情况和实际需求。孙树侠说，橄榄油不适合高温烹饪，很多人都不知道，她就知道一些家里条件比较好的人，听说橄榄油好，就买回来顿顿吃，不管是炒菜还是煎包子，都用橄榄油，这样虽然多花了钱，但并不能获得应有的营养。

（二）为什么要少吃油

1. 吃油多，危害多

《中国居民膳食指南》指出，目前，我国城市居民每人每日油脂平均消耗量已近50克，是世界卫生组织推荐量（25克）的2倍，北京等个别大城市，居民每人每日油脂平均消耗量已逼近90克，是世界卫生组织推荐量的3.5倍。

无疑，油脂消耗的增加是国人生活水平提高的结果。但我们的邻国

吃油要适量

日本和韩国，其国民的生活水平比我们高很多，油脂消耗量却远远低于我们，基本接近世界卫生组织的推荐值。

油脂消耗量大，这绝不仅仅是烹调方式和饮食习惯的小问题，而是事关家人健康的大问题。吃油太多对我们身体健康带来的负面影响和危害是多方面的，不仅是肥胖，小至青春痘，大到癌症，都与"油大"脱不了干系。

（1）吃油多导致肥胖

在所有的食品中，油脂的单位热量最高，1克即可产生9千卡的热量。如果每人每天多吃进1茶匙（15克）油，一个月后体重就会增加700—800克，一年就会增加体重近10千克。一胖百病生：高血脂、高血糖、高血压、冠心病和脑梗死等富贵病就会随之而来。

（2）吃油多易患心脏病、脑中风

吃油多，可导致血液中的胆固醇和脂肪酸过多。而这些过多胆固醇和脂肪酸会附着沉积在血管上，造成动脉硬化，最终还会形成血栓。血栓一旦阻塞心血管，结果就是心脏病发作；一旦阻塞脑血管，结果就是脑中风。

（3）吃油多引发癌症

有些癌症，如结肠癌、乳腺癌、前列腺癌等，都与"油大"有着直接或间接的联系。吃进胃里的油脂过多，胆汁也会相应增加分泌。当高脂肪、低纤维的食物进入结肠后，结肠中的一些有害菌可将其中的胆汁分解转化为某种致癌物，从而增加患结肠癌的机会。

女性体内雌激素水平高，罹患乳腺癌的概率就高。油脂吃得过多易致肥胖，而肥胖的妇女体内雌性激素的水平普遍较体瘦妇女高。

虽然没有直接证据证明高脂肪饮食会引发前列腺癌，但流行病学统计的研究结果表明，从日本移民到美国的日本后裔，罹患前列腺癌的比率远较日本本土高。分析认为，这与他们放弃了日本传统的清淡饮食而改吃美国式的高脂饮食有关。

因此，美国食品药物管理局甚至建议食品生产商在食品标签上说明：饮食中脂肪总量低可减少罹患结肠癌、乳腺癌、前列腺癌的风险。

2. 少吃油，从生活细节做起

有的人会说，中国人的烹饪方式和饮食习惯决定了我们不可能少吃油。确实，我们吃油多跟我们的饮食习惯有很大的关系，比如很多人爱吃的水煮鱼、火锅、炸丸子，都是含油量非常高的食品。但是，生活中的许多小细节，如果注意的话，都可以帮我们少摄入一些油脂，并且，即使是饮食习惯本身，只要是不健康的，我们都应该下决心改变它，而不能听之任之。

（三）如何控制食油量

我们在生活中应该这样控制：

（1）改善烹饪工具，如使用不粘锅、微波炉，这样可少用一些润锅油，从而减少用油量。

（2）改变烹饪方法，少用油炸、油爆、油炒、油煎，多用清蒸、凉拌、水煮、入涮。

（3）学会油量计量：1茶匙油大约15克，每人每天不得超过2茶匙（30克）。

（4）从月食用总量上加以控制，三口之家，5升量的一桶油至少要食用两个月。

（5）少到餐馆饭店用餐，因为餐馆饭店的饭菜大都油大。另外，洋快餐、饼干等也要少吃。

另外，孙树侠还要为大家提供一些吃油方面的注意事项：

（1）不要将油高温加热至冒烟才下菜。

（2）炸油不要多次重复使用，一般用过3次后就应弃掉不用。

（3）使用过的油千万不要再掺入没使用过的油中，因为用过的油经高温加热氧化后分子会聚合变大，油呈黏稠状，容易引起好油劣化变质。

（4）油瓶、油桶使用后应拧紧盖子，避免油面与空气接触。

（四）如何防范地沟油

2010年初，媒体连续曝光了一系列地沟油制作贩卖过程，许多人看了以后表示，"再也不敢去外头吃饭了"。确实，地沟油的生产各个环节都恶心得令人发指。

你能想象么？从那些平时走路都唯恐避之不及的散发着恶臭的下水道甚至化粪池里捞出来的东西，经过极其简陋的加工，就再次堂而皇之地上了我们的餐桌，进入我们的胃！

自从地沟油曝光，大家都开始注意地沟油的回收问题以后，很多网友就发现，高校食堂和一些大饭店都是地沟油的重要源头，甚至有记者调查发现，这些地方的地沟油都是"拍卖"的，要出价高才能买得到。难怪有人戏仿李商隐的诗说"生活无限好，惜有地沟油"！

咱们平时说的"地沟油"，其实是一个泛指，是对生活中防不胜防的各种劣质油脂的总称。一般来说可以分为三种：一是狭义的地沟油，就是把下水道中的油腻漂浮物或者宾馆、酒楼的泔水经过简单加工提炼出的油；第二种听起来稍微让人舒服一点，其实对人体健康的危害同样不小，这一种是将劣质猪肉、猪内脏、猪皮简单加工提炼出来的油；第三种是油炸食品用的油使用超过一定次数后，再次重复使用或者再往里面添加一些新油后重新使用的油。

有关统计显示，我国每年返回餐桌的地沟油可能多达200万—300万吨。而中国人1年的动、植物油消费总量大约是2250万吨——也就是说，按这个比例，你吃10顿饭，可能有1顿碰上的就是地沟油！

地沟油除了听起来恶心，对人体有哪些危害呢？可以说是不胜枚举。往轻里说，由于地沟油的制作过程毫无卫生可言，其中必定含有大量的细菌、真菌等有害物质，这些东西一旦到达人的肠道，会引发腹泻、恶心、呕吐等一系列肠胃疾病，往重里说，地沟油中混有大量污水、垃圾和洗涤剂，经过地下作坊的露天提炼，根本无法除去细菌和有害化学成分。试想，人吃了这种油会是什么后果？

所有的地沟油都会含铅量严重超标，而食用了含铅量超标的地沟油做成的食品，就会出现引起剧烈腹绞痛、贫血、中毒性肝病等症状。再重点儿说，在炼制地沟油的过程中，动植物油经污染后发生酸败、氧化和分解等一系列化学变化，产生对人体有重毒性的物质；砒霜的主要有毒成分砷，就是其中的一种。

最可怕的是，泔水油中含有黄曲霉素、苯并芘，这两种毒素都是致癌物质，可以导致胃癌、肠癌、肾癌及乳腺、卵巢、小肠等部位癌肿。泔水油中的主要危害物——黄曲霉素的毒性甚至是砒霜的100倍。

危害如此巨大的地沟油，怎样才能禁绝？说起来只有一个办法，就是由政府集中处理餐余垃圾，堵住地沟油的源头。然而专家估计，彻底禁绝地沟油，我们还需要至少十年的时间。在彻底禁绝之前，我们还是只好学会自己擦亮眼睛。

（五）如何鉴别地沟油

目前还没有科学的方法鉴别地沟油，孙树侠教大家的是一种简单直观的方法：

一看：

先看透明度，纯净的植物油应当是透明澄亮的，应当"四无"——无雾状、无悬浮物、无杂质、无混浊，而地沟油因为在生产过程中混入了各种杂质，透明度会下降。

再看色泽，纯净的油为无色，在生产过程中由于油料中的色素溶于油中，油才会带色，油的色泽深浅也因其品种不同而略有差异，呈微黄色、淡黄色、黄色和棕黄色，而地沟油颜色较正常的食用油颜色较深，但要注意芝麻油即香油颜色也较深。

最后看沉淀物，其主要成分是杂质。高品质食用油没有沉淀和悬浮物，黏度较小，也就是咱们平时说的没有"油脚"，"油脚"主要成分是杂质，在一定条件下沉于油的底层。

二闻：

每种油都有各自独特的香味，只是有些比较淡，平时不一定能注意到。我们可以在手掌上滴一两滴油，双手合拢摩擦，等手掌发热、油挥发的时候仔细闻。有异味的油，说明质量有问题，有臭味的很可能就是地沟油，有矿物油的气味当然就更不能买了。

三尝：

用筷子沾一滴油，仔细品尝味道。口感带酸味的油是不合格产品，有焦苦味的油说明已发生酸败，有异味的油则可能是地沟油。这一招在饭馆里尤其管用。

我们能鉴别地沟油吗？

四听：

取油瓶层底的油，涂在易燃的纸片上，点燃并听其响声。燃烧正常无响声的是合格产品；燃烧时能听到"吱吱"声音的，水分超标，是不合格产品；燃烧时发出"噼叭"爆炸声，表明油的含水量严重超标，很有可能是掺假产品，绝对不能购买。

五问：

问商家的进货渠道，必要时索要进货发票或查看当地食品卫生监督部门抽样检测报告。

二、转基因来了，我们怎么办

这几年，关于转基因食品的争议很大，别说咱一般老百姓搞不清楚转基因食品能吃还是不能吃，就是国际顶尖的专家们也是为这个问题争论不已。

（一）什么叫转基因食品

转基因食品，简单来说，就是通过改变基因的方式，改变农作物或者生物的一些性质，让它们能更好地为人类服务，比如说，转基因大豆就是给大豆植入了高油基因，提高大豆的含油量；而转基因玉米，就是植入了防病虫害的基因，提高玉米的产量。除了植物，动物也可以转基因，在猪的基因组中转入人的生长素基因，猪的生长速度可以加快一倍。

但是我们知道，地球上的每种生物，都经过了几千万年乃至上亿年的进化过程，其所携带的基因，是自然选择的结果，这样人为地强行改变，会不会带来难以预料的后果呢？转基因食品人吃下去有没有问题？对这两个问题，专家们都是公说公有理，婆说婆有理。

（二）转基因食品能吃吗

孙树侠介绍说，国际上现在比较通行的观点是：对转基因技术，不能一棒子打死，但总体来说，要采取绝对谨慎的态度，特别是供人类食用的转基因食品，一定要慎之又慎。

在全世界种植转基因作物最多的美国，仅2009年就有3个县对转基因作物进行了全民公决，决定禁止在自己的县里种植转基因作物；日本早在2006年就禁止了从美国进口转基因大米；在俄罗斯，著名反食转基因食品专家伊丽娜·叶尔马科娃当选为俄罗斯国家基因安全研究会副主席；在欧洲，法国、匈牙利、奥地利、德国、希腊与卢森堡禁止种植转基因玉米，基本上禁止任何形式的转基因食品端上餐桌。

杂交水稻之父袁隆平曾这样说："现在的转基因食品，都通过白鼠来实验，但人是人，白鼠是白鼠，对白鼠没有任何危害，但对人不一定就没害，人与它们的机体是不一样的，所以对一些抗病抗虫的转基因食品要慎之又慎，要做好系统的安全评价。"他还说："如果转基因抗病虫的水稻要人体做实验，我将第一个报名。"他认为，证明转基因食品是安全的，至少要通过两代人。更何况，前面提到的俄罗斯专家叶尔马科娃就曾经通过实验证明，转基因食品影响了小白鼠以及它们后代的健康。

（三）如何鉴别转基因食品

在有确实可靠的证据证明转基因食品对人体无害之前，我们还是要

如何鉴别转基因食品?

尽量少吃或不吃转基因食品，不能当了转基因食品的小白鼠！

我们生活中最常见的转基因食品就是转基因大豆油。咱们中国人吃饭爱炒菜，油的用量非常大，国产的大豆严重不够，所以，我国每年要从国外进口大豆5000多万吨，主要的来源是美国和阿根廷，而美国的大豆63%是转基因的，阿根廷90%以上是转基因的，所以这些进口大豆，实际上大部分都是转基因的，我们吃的油，大部分也都是转基因的，这里面包括几乎所有知名品牌的食用油。

虽然现在在国家要求下，转基因食品都会加以注明，不过厂商一般都会把这个标志做得非常非常小，大家在超市买油的时候，一定要看个清楚。

除了标志，如何鉴别转基因食品呢？孙树侠介绍说，对于一般消费者，没有什么特别科学可行的办法来鉴别，但是针对具体的食品，我们还是有一些土办法加以鉴别：

1. 大豆

非转基因大豆大小不一，为椭圆形状，有点扁，"肚脐"为浅褐色，打出来的豆浆为乳白色。转基因大豆为滚圆形，大小很整齐，"肚脐"为黄色或黄褐色，打出来的豆浆有点黄，用此豆制作的豆腐什么的都有点黄色。

另外，还可以通过水泡法检验转基因大豆：

我们知道，大豆本来是植物种子，非转基因大豆用水浸泡三天会发芽，而转基因大豆发芽比较困难，只不过是个体膨胀而已。

2. 胡萝卜

非转基因胡萝卜表面凸凹不平，一般不太直，从头部到尾部都是从粗到细的。且头部是往外凸出来的。而转基因胡萝卜表面相对较光滑，一般是直的，它的尾部有时比中间还粗，且头部是往内凹的。

另外，胡萝卜出产的季节应该是秋冬季节，夏季的一般是转基因的。

3．土豆

非转基因土豆样子比较难看，一般颜色比较深，表面坑坑洼洼的，同时表皮颜色不规则，转基因土豆表面光滑，坑坑洼洼很浅，颜色比较淡。

对土豆还有一种简便的检验方法：削皮法。

非转基因土豆削皮之后，其表面很快会颜色变深，皮内为白色。转基因土豆抗氧化能力比较强，削皮之后，其表面无明显变化。

4．玉米

我们知道，普通的玉米头尾的颗粒是不一样大的，特别是比较嫩的玉米，头的部分几乎没法吃，而转基因玉米甜脆、饱满、体形优美、颗粒头尾差不多。

5．大米

在中国取得转基因大米合法种植权的地区是湖北。要警惕细长的很亮的转基因大米，容易与东北"长粒香"混淆。买的时候一定要看清原产地。

6．其他鉴别方法

（1）进口水果认清标签。一般来说，在标签的最下方一般印有出口国的名称，中间的英文字母标明水果的名称，最上方的英文字母标识的是出口企业的名称。在每个标签的中间一般有4位阿拉伯数字：3字开头的表示是喷过农药；4字开头的表示是转基因水果；5字开头的表示是杂交水果。

（2）超市西红柿、木瓜大部分转基因。不要迷信外资超市，超市里的水果往往中看不中吃。

（3）玉米转基因最早、最广、最多。购买任何玉米食品均要慎之又慎。

三、常用调料安全养生指南

（一）毒生姜，危害等于慢性服毒

我们中国的老百姓爱吃姜，炒菜放点姜末，炖汤放点姜片，可以去寒除腥提鲜，而且，生姜还有非常好的保健作用，俗话说"冬吃萝卜夏吃姜，不劳医生开药方"，这是很有道理的。生姜特有的"姜辣素"能刺激胃肠黏膜，使胃肠道充血，消化能力增强，能有效地治疗吃寒凉食物过多而引起的腹胀、腹痛、腹泻、呕吐等。

吃过生姜后，因为血管扩张、血液循环加快，人会有身体发热的感觉，于是身上的毛孔就能张开，这样不但能把多余的热带走，同时还把体内的病菌、寒气一同带出。当身体吃了寒凉之物，受了雨淋或在空调房间里待久后，吃生姜就能及时消除因肌体寒重造成的各种不适，红糖姜汤更是在冬季预防感冒、解表驱寒的不二选择。

可是生姜好处虽多，长得却很丑，皱皱巴巴坑坑洼洼的，也比较干瘪，不耐看。为了让姜卖相好些，姜商和姜农就想出了这样一个办法。

2011年4月15日，湖北省宜昌市万寿桥工商所执法人员接到群众举报，在辖区一座大型蔬菜批发市场内，查获两个使用硫黄熏制生姜的窝点，现场查获"毒生姜"近1吨。据工商执法人员介绍，不良商贩将品相不好的生姜用水浸泡后，使用有毒化工原料硫黄进行熏制，熏过的毒生姜与正常的生姜相比，看起来更水嫩，颜色更黄亮，就像刚采摘的一样。

这样一来，消费者很容易被其漂亮的外表所迷惑，一不留神就把毒生姜带回了家。

毒生姜对人体的危害非常严重，硫容易被湿润的黏膜吸收，从而对眼睛及呼吸道产生强烈的刺激作用。此外，硫与氧结合生成二氧化硫，遇水后会变成亚硫酸，对人的肠胃造成一定的损伤，轻则腹泻呕吐，重则导致昏迷。

更为严重的是，工业硫黄中还含有部分重金属，而重金属在人体内不能代谢，长期食用硫黄熏制的生姜，重金属就会在体内沉积，严重影响人的肝肾功能，对身体健康构成更为严重的威胁。所以如果长期食用这种毒生姜，那危害就和慢性服毒无异了。

（二）如何选购优质生姜

孙树侠说，她也经常去菜市场走走看看，发现即使媒体已经曝光了毒生姜事件，毒生姜在市场上还是可以看到。辨别毒生姜的办法其实非常简单，简而言之，就是切勿"以貌取姜"。

1. 看表面

正常的生姜生得"貌丑"，特别是"皮肤"非常粗糙，较干，颜色

也发暗。而用硫黄熏制过的生姜则生得"貌美"，"皮肤"非常光滑水灵，呈漂亮的浅黄色。

2．搓一搓

二氧化硫有强烈的腐蚀性，所以熏过的毒生姜，表皮一搓就掉了，而正常的生姜则不会有这种现象。

3．掰开看

表面看过之后，还要掰开看里面。正常的生姜，从心儿到靠近表皮的位置，颜色都应该差不多，而熏过的毒生姜，靠近表皮的位置颜色明显更黄。

4．放一放

正常的生姜应该是非常耐放的，一般十天半个月不成问题。要是你买回家的生姜发现没两天就腐烂变质了，那么很可能就有问题。如果实在担心，可以在食用前多用清水浸泡几次或者给生姜去皮，这都可以减少生姜表面的有害物质。

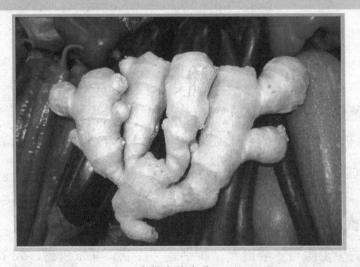

市场上的生姜

值得一提的是，除了生姜，经常使用硫黄熏制的还有银耳。辨别硫黄银耳的方法首先是看，正常的银耳应该略有淡黄色，不会非常的白，熏过的银耳则会特别白，而且闻起来有刺鼻的气味。其次是买的时候可以稍微尝一下，弄点碎末放在舌头上，如果有刺激感则也是有问题的银耳。

最近又曝光了几起毒中药事件，元凶还是硫黄熏蒸。用硫黄熏制中药不但可以给中药"美容"，更可以延长其保质期。而国家虽然明文禁止硫黄熏蒸中草药材，但是又没有中草药二氧化硫含量的具体标准，所以这一现象也一直得不到有效地遏制，党参、当归、黄芪、人参等常用药材都在被熏制之列，大家也不可不防。

（三）孕妇不能多吃的调料

妇女在怀孕的时候，胃口不好，很多妇女都会偏好某一种味道，顿顿都要吃，所以我们民间有"酸儿辣女"一说，但是，妇女在怀孕的时候，身体条件特殊，恰恰不是想吃什么就能吃什么的时候，有些调料吃得过多，会给她们的身体带来危害，对肚子里的宝宝也会带来不良影响。下面，就给大家介绍怀孕期间不宜多吃的调料：

1. 盐

我们每天都离不开盐，但是也不能多吃。现在大家普遍有这个意识了，吃盐过多容易导致心脑血管疾病。

对于孕妇来说，就更不能多吃盐了。盐分摄入过多，会导致孕妇怀孕后期出现浮肿，可见足踝及小腿皮肤绷紧光亮，用手按压出现凹陷，长时间站立行走、中午不午睡则更加严重。这是因为孕妇体内内分泌变化，导致水潴留；同时增大的子宫压迫下肢静脉，使血液回流受阻，下肢出现浮肿。

孕妇不能多吃的调料

2. 酱油

酱油中含有18%的盐，孕妇在计算盐的摄入量时要把酱油计算在内。同时酱油中含有防腐剂和色素，应该尽量少吃。

3. 辣椒

辣椒是一种营养成分丰富的蔬菜，尤其含有大量的维生素，适量吃辣椒对人摄取全面的营养成分有好处。但辣椒会刺激肠胃、引起便秘、加快血流量等。孕妇虽然不是绝对禁止吃辣椒，但应适量，如果属于前置胎盘的情况则应绝对禁止食用。

4. 花椒八角桂皮五香粉

这些调料都属于热性调料，它们易消耗肠道水分，使肠道分泌液减少而造成肠道干燥和便秘，孕妇应尽量少吃或不吃。

5. 味精

第九届联合国粮食及世界卫生组织食品添加剂法规委员会决定，取消成人每天摄入6—7.5克味精食用限量的规定，但婴儿食品仍慎用。味精可使食物味道鲜美，还含有一定的营养，没有证据证实其会产生毒素，因此孕妇只要食用适量，不必禁用味精。

6. 姜

生姜刺激性较大，容易引起肠道不适感，但适量的姜能够缓解早期孕吐，所以，做饭时，用少量的姜调味即可。

孙树侠

市场上的花椒、八角

（四）八角、花椒辨真假

辨别八角并不难：八角八角，顾名思义，应该只有八个角，而其他的为伪品！

不法商人真可以说是无孔不入，不但我们的主食、蔬菜、肉品都潜伏着重重危机，就连看起来毫不起眼的调味品也成了他们制假贩假的目标。因此，常听人们说，现在的调料品种都不如以前了，"不够味儿"，"要比以前多放好多"。2010年底，"假八角"被曝光，好多人这才知道，这味儿不足不是品种的问题，而是品质的问题，而且这问题还不光是"味儿"不足那么简单，还可能有毒，甚至还能要人命。

我们平时做调料的八角，俗称大料，学名叫八角茴香。这种八角只是茴香科植物的一种，而同科的植物有50多种，其中的很多都和八角茴香长相相似。"假八角"就是把这些长相类似八角而又没有经济价值、或者价格比较低的茴香科植物，加入八角茴香里出售。这些"李鬼"里面，有一种是比较危险的，叫做莽草，莽草有剧毒，人食用之后会出现昏迷、休克、口吐白沫等症状，甚至可能致死。渔民经常将莽草用作麻醉剂，可以让鱼动弹不得。不过一般在我们的家庭烹饪中，八角的用量并不大，还不至于致死，不过还是有可能造成身体不适，长期食用的话对身体危害更大。

1. 假八角并不难分辨

辨别八角并不难：八角八角，顾名思义，应该只有八个角，而其他的为伪品。有的多有的少，六七个角的也有，十几个角的也有。这里面，10—13个角的比较可能是莽草，果实瘦长，尖端还带钩，背面粗糙。闻起来气味、口味较弱，久尝后舌头会有麻麻的感觉。另外一种更像八角的伪品是红茴香，无毒，但烹调效果不如八角。相对来说，红茴香果品较薄，外表比正常茴香粗糙，有皱纹，而且尝起来有酸酸的味道。所以，只要我们在购买的时候认真观察，还是可以分辨出"李逵"和"李鬼"的。

2. 假花椒鉴别比较简单

另外一种常被下毒手的调料是花椒。花椒的造假很简单，说起来像是小孩子过家家的游戏，一般都是用模具把草籽、泥巴、花椒汁水捏成外形酷似花椒的样子，再涂上色素，和真花椒混合在一起出售。鉴别比较简单：

一是捏：不难想象，泥娃娃花椒一捏就会碎成粉末，而真花椒则相对不易被捏碎。

二是尝：真的花椒应当有重重的麻味，而假花椒不会有。

三是泡：花椒本身质量非常轻，放入水中会漂浮在水面上，而假花椒因为是用泥土做的，会沉在水下，而且稍微泡久一点就会成为一团烂泥。

3. 调料粉是掺假的重灾区

市面上在售的各种辣椒粉、调料粉更是掺假的重灾区，因为调料一旦打成粉末就更加难以分辨真假优劣。除了尝味道以外，这里孙树侠也有一个小窍门。就是取一点调料粉加入水中。劣质的调料粉多是掺入了麦麸、玉米面、豆渣粉、锯末、砖头面、干菜叶子末等等东西，这些东西和调料面的密度不一样，所以加入水中以后，下沉的速度不一样，沉入水中的深浅程度也不一样，甚至可以见到分层的现象，有的漂浮在水面，有的悬浮在水中，有的沉到水底。而纯净的调料面密度均匀，最开始都漂浮在水面，时间稍长就会同时下沉。

第七章

厨房细节安全养生指南

一、购物安全养生指南

要管好家里厨房，先从购物开始。大家去购物，就是希望吃得放心，用得舒心，买得开心。可每次来到超市，徘徊在琳琅满目的商品之间，如何快速寻找到物美价廉，安全放心的好商品？这就需要练就一双孙悟空般的火眼金睛。面对花花绿绿的包装，我们只要学会辨识安全商品的标志，就比较放心。

（一）市场购物，标志要辨清

近些年来，大家生活普遍迈入小康水平，购物的时候也格外留心品质了。电视里、报纸上也在不断地宣传食品安全。我们经常可以听到"无公害食品"、"绿色食品"、"有机食品"的概念，但是要真的细究起来，好多人并不知道这其中的区别。

1. 什么是绿色食品

首先，我们来看一下什么是常说的"绿色食品"。简单来说呢，绿色食品就是那些生长在无污染的生态环境中，经过标准化生产或加工的农产品。绿色食品也叫无公害食品，这些产品中的有毒有害物质含量都是经过国家质监部门的严格控制的，上市前都要经过专门机构抽检认定，符合国家健康安全食品标准的，才可以使用绿色食品的标志。

那么，绿色食品的标志是怎样的呢？其实很好认。绿色食品标志图形是一个圆形，由三部分构成：上方的太阳、下方的叶片和中间的蓓蕾。整个标志就象征着自然生态的和谐，告诉我们这些食品出自纯净、良好的生态环境，可以安全食用。

如果再仔细看的话，同样是绿色食品，有的标志还略有区别。这可不是山寨和假冒商标，而是绿色食品内部的不同标准。绿色食品分A级绿色食品和AA级绿色食品两种。从颜色上看，A级标志为绿底白字，AA级标志为白底绿字绿色。

绿色食品标志

2. 什么是有机食品

记住绿色食品的标志后，我们再来看看什么是有机食品。有机食品比绿色食品的品质更高，是食品行业的最高标准。这些食品在生产过程中不添加任何人工合成的化肥、农药和饲料。

有机食品的标志也是一个圆形，由三部分组成。标志外围的圆形形似地球，象征和谐、安全。圆圈上有中文"中国有机产品"及其英文缩写"ORGANIC"的字样。圆圈里面有一个橘红色的类似种子的图案，代表生命萌发之际的勃勃生机。认准了这个标志，大体上就可以放心地购买了！

不过，如今商店、超市里，有机食品的种类越来越丰富，也往往价格不菲。以蔬菜为例，普通蔬菜大多是几元钱一斤，而有机蔬菜则要贵上几倍甚至十几倍。近几年来，不法商人认为有利可图，大量生产"假有机食品"，让消费者防不胜防。

2012年2月28日，央视生活早参考记者在北京某大型超市随机询问了购买有机蔬菜的消费者，大家普遍认为有机蔬菜"不施化肥，不撒农

有机食品标志

药，干净、安全、营养、放心"。然而这些打着"有机"字样的蔬菜真的都符合标准吗？

生活早参考记者经实地调查发现，价格高昂的有机蔬菜竟存在着以假充真的情况。部分有机蔬菜种植基地违规使用超标的农药和化肥；还有些有机蔬菜田旁边就是废弃的化工厂，田边垃圾成堆；同时，有机农田跟普通农田相隔仅 1 米，并不能在水、土、化肥、农药等方面保证有机田的要求。就这样，带着各种问题的有机产品一路绿灯地进入市场，贴着高价标签，流向百姓餐桌。

如何辨别有机食品

孙树侠无奈地告诉我们，老百姓无法靠肉眼判别有机食品的真伪。

3. QS食品

介绍完绿色食品和有机食品之后，我们再来看看QS食品，可能大家一听这英文缩写就有点摸不着头脑了，其实这个一点也不陌生。QS是英文Quality Safety（质量安全）的字头缩写，它是食品市场准入标志。换句话说，没有这个标志，那这食品是不得出厂销售的。

所以，QS食品和绿色食品、

质量安全标志

有机食品不同，它是食品安全认证的最低门槛。我们在超市买到的食品上都有它的标志。这个标志主色为蓝色，字母"Q"与"质量安全"四个中文字样为蓝色，字母"S"为白色。

4. 非转基因食品

关于转基因食品的危害，网上现在众说纷纭。虽然有些转基因食品并没有被证明有害，但从规避风险的角度看，应当购买标有"非转基因"字样的食品。目前市场上许多食油都标明了"非转基因"，读者可以自行选择。现在大多数非转基因食品，厂家都用汉字做了标注。

大多数非转基因食品，厂家都用汉字做了标注

（二）如何安全处理剩饭菜

1. 当心，剩饭菜不能随便吃

2009年，国内知名论坛"天涯社区"曾流行过这样一个帖子：

柏泉中午下班回家，将昨晚剩下的大半碗青菜，从冰箱里拿出来加了点水，煮了碗面条吃。谁知午睡时，被阵阵肚子痛给痛醒了。他从床上爬起来，觉得头发晕，浑身瘫软无力、恶心，接着又呕吐了两回，还拉肚子，有点发喘。再一看自己的手，指甲青紫，连皮肤也变色了。

他急忙给妻子打电话，没说两句话，眼一黑，便倒在地上……等柏泉醒过来，才知道自己躺在医院的病床上，鼻孔插着吸氧的管子，正打着吊针。医生告诉他这是食物中毒，已经给他用上了亚甲蓝这种特效药，现在基本上没事了。

柏泉心中颇感蹊跷，剩菜是从冰箱里拿出来，放到锅里煮开了，然后又下了面条煮熟才吃的，菜也没变质，就是有细菌也给杀死了，怎么引起食物中毒呢？

其实，在很多人的心目中，大都认为剩饭菜只要不变质发馊，吃时再加热就万事大吉了。但孙树侠告诉我们，这种看法是很不对的。她介绍说，我们通常所说的食物中毒可分为"生物型"和"化学型"两类。

生物型中毒主要是指被细菌、病毒、寄生虫等污染过，通过食物或接触引起的急性传染病。不过，由于细菌、病毒、寄生虫卵等，在高温时几分钟就会死亡，即使留有少量毒素也不会造成显著危害，所以生物型食物中毒是可以通过高温加热来预防的。比如最经常引起食物中毒的李斯特菌，加热时中心温度达到70℃持续2分钟以上，就可以被消灭。因此，生物型中毒可以通过高温加热来防范。

但化学型中毒却不是高温处理能"消毒"的，有时煮沸反而使毒物浓度增大。前面说到柏泉食物中毒，就属于化学型中毒。

各种绿叶蔬菜中都含有不同量的硝酸盐，尤其是现在，在蔬菜种植的过程中都会大量使用化肥，特别是氮肥，更会使菜中含的硝酸盐含量增多。硝酸盐本来对人体是无害的，但是，买回的青菜放的时间长了，或者烧熟的菜放置过久，菜中的硝酸盐就会在细菌的作用下，被还原为亚硝酸盐。亚硝酸盐我们已经多次提到了，对人体有毒害作用。

而且，剩菜中的亚硝酸盐很难预防和去除。将剩菜放入冰箱里的冷藏室也不能阻止亚硝酸盐的产生，将剩菜拿出来进行加热，不仅不能除掉有毒的亚硝酸盐，还会使菜中剩余的硝酸盐，在高温的作用下分解为更多的亚硝酸盐，进一步加剧了毒性。

所以，平时生活中，我们还是尽量吃多少做多少，不要吃剩饭剩菜。孙树侠说，有的年轻人平时工作忙，没时间做菜，就周末炖一大锅菜放在冰箱里，每天下班回家盛一点热了吃，这种做法非常不可取，放的时间太长，很容易引发食物中毒。

2. 孙树侠剩菜处理口诀

不过居家过日子，难免总有剩菜的时候，怎么办呢？对此，孙树侠教大家四句口诀：

剩荤不剩素，剩热不剩凉，剩菜不过夜，白菜绝不剩。

剩荤不剩素：

人体摄入的亚硝酸盐80%来自于蔬菜。做好的素菜在温度较高的地方，放的时间一长，亚硝酸盐含量会有所增加。

此外，素菜中的营养更容易流失。这是因为一种食物中的营养素通常多达几十种，其中水溶性维生素，如维生素C、维生素E都比较怕热。而蔬菜的营养价值恰恰体现在丰富的维生素上，因此重新加热的素菜，营养损失严重。

食物中还有些不太怕热的营养素，比如说钙、铁等矿物质。这些营养素人们通常会通过鱼肉等荤菜摄取，因此热一回，营养损失不会非常严重。

所以，无论是从营养还是安全的角度，都尽量不吃剩蔬菜。

剩热不剩凉：

凉菜不论荤素最好都不吃剩的，因为如果不经加热，其中的细菌不易被杀死，容易导致腹泻等不适。

剩菜不过夜：

剩菜最好在4小时以内吃掉，隔夜的剩菜更容易出现食物中毒，所以尽量不要吃隔夜的剩菜。

白菜绝不剩：

白菜中的硝酸盐含量很高，所以剩白菜最容易发生亚硝酸盐中毒，因此为了安全起见，剩白菜绝对不要吃。

（三）为了安全应尽快处理的食品

现在年轻人的生活，很多都很铺张浪费，可是一些走过苦日子的老人呢，就恰恰相反，特别的勤俭节约。

韩老太太就是这样一个俭朴的老人。她家里子女很多，也都很孝顺，平时家里的一应吃用，都是儿女给买，米呀、面呀、糖呀，多得放不下了。偏偏老人又舍不得吃，所以家里的东西经常放到变了质，生了虫可老人也舍不得扔，弄得家里蛾虫乱飞。子女来了要给收拾扔掉，老人还非常生气，骂他们"败家"。

孙树侠说，勤俭节约当然是美德，但是很多食物，一旦放久了，就会发生对身体不利的质变，这时候一定不能再吃了。

如何处理剩饭、剩菜也是一门科学

1. 酱油"长醭"不能再吃

夏季，酱油"长醭"是常见现象。"长醭"的酱油不能再直接食用。办法是立即把表面的白色浮膜捞去，再对酱油适当加热进行杀菌处理，一般加热到80℃左右，只需几分钟就可把膜酵母和杂菌杀死，同时将原容器再清洗干净晾干，仍可装入酱油来继续食用。

2. 白糖若久贮，容易生螨虫

生活中白糖的常见品种有白砂糖、绵白糖两种，它们都是以蔗糖为主要成分。无论是家庭中食用的糖，还是用糖做糕点的个体或企业，都不要一次购白糖太多，因为白糖久贮易生螨虫。螨虫是一种体形极小，肉眼无法看见，需在放大镜下放大30倍才可见其活动的一种糖类害虫。嗜糖的螨虫繁殖力旺盛，生存空间很大，不仅限于白糖上生长，在野外生物体上也有，尤其在经过了夏季的白糖内，它繁殖生长得更快更多。

久贮的白糖尤其是过夏的白糖，食用前要在70℃的水中加热3分钟，才能杀死螨虫。如果长期贮存，期限不应超过半年，尤其忌过夏。

3. 变浊的食醋，不宜再食用

醋，在烹调上最大的作用是杀菌、消毒、防腐。如果根据醋的这些作用便断定食醋不会被细菌污染，那就错了。食醋也会变质，也就是变混浊，变质醋必须倒掉，不可再食用。

食醋在盛夏高温季节里，会像酱油一样"长醭"。应将"长醭"的醋进行过滤，再加热后尽快食用。但有时候不出现"长醭"现象，而出现混浊或生霉现象，这样的醋也不可再食用。这种现象是由于食醋在不清洁的环境中，产生了醋鳗、醋蝇和醋虱，它们是耐酸性的寄生虫，食用这种醋将影响人体健康，还会引起食物中毒。

4. 料酒一开启，不可再久贮

料酒又称"黄酒"，一般含有的酒精度数为13%—20%，清澈透明，香气浓郁，在烹调中可去腥、增香，但当其开盖后，不要再久置。

因为料酒的酒精度数较低，又属酿造酒，很容易引起细菌的侵染，造成酸败。尤其是在夏季，开启后常被放在灶台旁边，温度较高，再加上与空气长时间接触，料酒会变得混浊不清，产生酸味，这样就不能再食用了。

保管料酒时，最适宜的温度为15—25℃。但有时发现未开启的料酒瓶中也会出现沉淀物，这是料酒本身的纯度不够，时间一长所产生的，我们通常称其为"酒脚"，它不是变质现象，仍可食用。

二、生熟食物分开安全养生指南

"感觉每天买菜都是个伤脑筋的问题啊！小区里的流动摊贩被取缔了，超市里的菜又贵又不新鲜，离家最近的菜市场也有四站地，这老胳膊老腿的，折腾不起啊！"刚从菜市场回来的王大妈拖着装有菜的小车不满地抱怨着。

的确，现在很多城市居民买菜难，好不容易去一趟菜市场，便铆足了劲，一口气囤够一周的菜，这样一来，如何贮藏，就变得非常重要了。

（一）冰箱贮藏食物的方法与禁忌

所谓安全贮藏，第一条定律就是要生熟分开，防止交叉感染。一般来说，可以将生的食物放在冰箱的冷冻室，熟食放在冷藏室，因为冰箱里的温度也不均衡，一般来说下面比上面温度要低一些，更适合存放肉类和生食。

不是所有蔬菜都喜欢待在冰箱里的，比如黄瓜、西红柿，如果把它们放进冰箱，不仅会使其表面变色，而且还影响质量。

不同的蔬菜适宜存放的温度各不相同：白菜、芹菜、洋葱、胡萝卜喜欢寒冷的环境，适宜存放温度为0℃左右，而茄子常温保存就行了，南瓜不抗冻，适宜在10℃以上存放。

现在市场经济发达了，北方人也能常常吃到南方来的热带水果，但需要注意的是，很多热带水果不适宜低温储存，比如香蕉，如果放在冰箱里，很容易发生冷害，降低营养，甚至引起腐烂。

1. 冰箱贮藏几大禁忌

冰箱贮藏在带给我们便捷高效生活的同时，也潜伏着不安全因素，以下几个问题就需要各位注意：

（1）千万不要将热的食物直接放入冰箱内。

（2）冰箱里不要存放太多食物，要留有空隙，有利于冷空气流动，减轻机组负荷，延长使用寿命，节省电量。

（3）不要把食物直接放在蒸发器表面上，要放在器皿里，以免冻结在蒸发器上，不便取出。

（4）鲜鱼、肉要用保鲜袋封装，在冷冻室贮藏。蔬菜、水果要把其表面水分擦干，放入冰箱内蔬菜盆里，不能直接一股脑塞进去。

（5）不能把瓶装液体饮料放进冷冻室内，以免冻裂包装瓶。应放在冷藏箱内或门档上，以4℃左右温度贮藏为最好。

（6）存贮食物的电冰箱不宜同时贮藏化学药品。

2. 如何在冰箱贮藏肉类

上面我们说了蔬菜、水果和饮料在冰箱如何贮藏，那么对于肉类来说，贮藏起来有什么需要注意的呢？很多人喜欢吃海鲜，却常常为了贮藏而苦恼，大家都知道海鲜的味儿比较大，要是直接放入冰箱里，肯定会串味，那应该如何贮藏呢？

第一，你先要计划好，要放入冰箱的肉是打算几天内食用的。如果最近两三天就准备吃完的肉，就放入冰箱的冷藏室内温度较低的位置。如果你打算放较长时间的话，则应该放入冷冻室内。

第二，刚买回来的鲜肉，如果是整块的，应该先切分成小块，并用保鲜袋或者保鲜盒装起来，这样不仅码放的时候方便整齐，节省空间，而且有利于保持肉类的鲜度和味道。

第三，放入冰箱的肉，总会有部分营养流失，尤其是较长时间存放的。为了减少这一流失，就必须买回来之后采取速冻。因为在速冻过程中结成的冰晶小，解冻的时候组织养分不易随水流失。怎么速冻呢？正确方法是先将温度控制器的旋钮调到最冷档，使压缩机不停地快速冷冻，大约经过30分钟后，再将温度控制器旋钮置于通常所需温度的档位上，这样就可以保证食品原有的鲜度和味道。

第四，再来说一说大家头疼的海鲜产品。对于鲜鱼来说，为了防止腥味扩散，可剖洗干净，切成小块，放在小盒里密封，然后还要采取

冰箱不宜这样贮藏食物

速冻。如果买回来就是冻鱼，可以直接放入冷冻室内。对于鲜虾来说，可以先放入金属盒，注入水，放入冷冻室冻结，然后再拿出冻结好的虾块，再放入冷冻室贮藏。

总的来说，贮藏食品给我们生活带来了很大便利，但是贮藏的食品肯定没有新鲜食品营养高，而且贮藏越久，潜在的危险就越大。比如蔬菜本身还有的硝酸盐，经过一段时间贮藏后会转化为亚硝酸盐，一旦和食物内的胺结合，便会形成致癌类亚硝胺。所以，为了长远的健康，还是奉劝大家尽量多跑两趟，多吃鲜肉鲜菜！

（二）保鲜膜，保住新鲜丢了安全

注意：肉类、熟食、热食、含油脂的食物最好不用保鲜膜。

选购PE食品保鲜膜或标有"不含增塑剂DEHA"的PVC食品保鲜膜。

除了冰箱，保鲜膜也成为居家必备良品。有了保鲜膜，美味不再流失，所以，人们对保鲜膜的依赖越来越强了。但最近，美国权威研究机构指出，并非所有食品都适合用保鲜膜。

据美国权威报纸《纽约时报》报道，美国消费者联盟对一些乳酪的保鲜膜进行了测试，结果发现19种产品当中，7种被生鲜超市包装在保鲜膜内的乳酪，含有高量DEHA，每百万单位含51—270单位，平均为153单位，远超过安全范围。

1. 什么是DEHA

DEHA是di-(2-ethylhexyl)adipate的简称，是一种塑化剂，使用它是为了增加保鲜膜的附着力，但是，它也会渗入被包装的食物之中，尤其是高脂肪的食物。在食物被加热时，这种塑化剂便会迅速释放出来，进入人体。据动物实验表明，这种塑化剂被人体吸收之后，可能会干扰内分泌，引起妇女乳癌，新生儿先天缺陷等。

目前市面上出售的保鲜膜按制作材料分为三种：聚乙烯（PE）、聚偏二氯乙烯（PVDC）、聚氯乙烯（PVC）。大家在购买保鲜膜的时候一定要看清楚，**选购PE食品保鲜膜或标有"不含增塑剂DEHA"的PVC食品保鲜膜**。一般来说，正规厂家生产的保鲜膜外包装上都会有此类标志。

除了看标志外，消费者完全可以凭借肉眼和手感选购保鲜膜。PE保鲜膜黏性和透明度比PVC保鲜膜差，用手揉搓以后容易打开，而PVC保鲜膜比较容易粘在手上。如果你已经买回家了，还可以试着撕下一块来点燃，如果是PE保鲜膜，燃烧后会像蜡烛一样滴油，发出的气味也类似蜡烛；如果是有毒的聚氯乙烯，会发出难闻的刺激性气味。

除此之外，还要注意**肉类、熟食、热食、含油脂的食物最好不用保鲜膜**。因为用保鲜膜包裹肉类、熟食、热食、含油脂类的食物，会使保鲜膜中所含化学成分挥发溶解到食物中，使用后对健康极为不利。

相对来说，水果蔬菜可以放心使用保鲜膜，因为水果蔬菜本身就有一层表皮保护，而且实验表明水果蔬菜用保鲜膜包裹，不仅可以长时间保险，甚至还会增加其中的营养素。据有关实验表明，100克裹上保鲜膜的韭黄，24小时后其维生素C含量比不裹时要多1.33毫克。

2. 保鲜膜在加热时的注意事项

保鲜膜除了挑选的时候注意材质，使用的时候注意分类之外，如要加热还需注意以下三点：

（1）加热油性较大的食物时，应将保鲜膜与食物保持隔离状态，不要使二者直接接触。因为食物被加热时，食用油可能会达到很高的温度而使保鲜膜发生破损，并黏在食物上。

市场上的保鲜膜

（2）加热食物时，应用牙签等针状物在保鲜膜上扎几个小孔，利于水分蒸发，防止气体膨胀导致保鲜膜爆破。

（3）各种品牌的保鲜膜所标注的最高耐热温度各不相同。由于用微波炉加热食品时通常温度可达到110℃，并需要长时间加热，因此，应选用耐热性较高的保鲜膜。

3. 用保鲜膜减肥是否科学

近年来，保鲜膜减肥法渐渐风靡网络，很多爱美的女孩为了减肥消脂，不惜用保鲜膜将自己裹成个粽子。对此，专家指出，保鲜膜减肥法并无科学依据。用保鲜膜包裹身体进行运动，虽然能促进出汗，但会影响汗液的正常挥发，容易引起湿疹、毛囊炎、过敏性皮炎等疾病。同时，保鲜膜含有增塑剂等化学成分，对于具有过敏体质的人来说，更容易引起皮肤过敏。所以，在此奉劝各位减肥的朋友，千万不要盲目追风，首先保证健康，然后均衡饮食，适当运动，才是王道。

（三）微波加热，安全第一

注意：真正适用于微波炉的塑料餐具上，都应该标注加热温度，如果没有标注，就不是专门用于微波加热的。

微波技术的发明最初是用在雷达、导航、遥感和电视等高科技领域，直至上世纪60年代微波炉的出现，才开始将这一高精尖技术应用到生活中来。时至今日，微波炉已经成为现代厨房必备家电之一。试想一下，用普通的煤气灶做一道照烧鸡和用微波炉做一道照烧鸡的效率，我想很多人都会选择后者吧！

除了效率高之外，微波加热还有一个最大的优势，微波加热的热源来自于物体内部，所以加热特别均匀，即便是新手上阵，也不会出现外焦里生的夹生现象。而且小小一个微波炉，比起传统的煤气天然气来说，更加安全，而且清洁，又可以实现温度升降的自由快速控制。

经常使用微波炉的朋友肯定对上述优点有着切身体会，但与此同时，微波炉的使用过程中也有很多需要注意的问题，如果疏忽了，可能就会变利为弊，造成一些安全隐患。

1. 要选择微波炉专用餐具

关于这一点，相信大家在购买微波炉的时候，售货员一定嘱咐过大家，但是习惯使然，还是有人会疏忽。这一点必须强调，不是所有的餐具都可以进微波炉的。现在我们的市面上有很多号称微波炉餐具的塑料碗碟。消费者可要注意了，微波炉餐具有自己的标准，不是说塑料的就可以的。

以前我们国家的微波炉餐具还没有统一的标准，监管也不够严格，经常会出现一些微波加热事故。现在，我国首个热塑性塑料餐具标准已经出台了，其中就对微波炉餐具进行了严格规范。

大家在超市购买微波炉餐具时需要注意，真正适用于微波炉的塑料餐具上都应该标注加热温度，如果没有标注，就不是专门用于微波加热的。而且，质监部门有关专家也提醒大家，微波炉餐具加热时间都不宜

市场上出售的微波专用保鲜盒

过长，最好不要超过3分钟，加热温度最好控制在140℃以下，也就是中档火力。

2. 切忌使用封闭容器

微波炉加热时会产生很大热量，如果将装有食物的容器封闭起来进行加热，热量不易散发，会使容器内压力过高，容易引起喷爆事故。所以，带盖子的容器放入微波炉加热时，一定记得拧开盖子。用塑料袋密封的食品请剪去一角作为出气孔。

3. 微波炉放置要安全

微波炉应该放在干燥通风的地方，避免热气、水蒸气进入炉内，以免导致微波炉内电器元件的故障。由于微波炉的功率较大，所以在放置微波炉附近的地方要有一个接地良好的三眼插座，这样可以保证微波炉使用的安全。

4. 所有食品都可以放入微波炉加热吗

微波炉加热确实方便快捷，但是大家需要注意，并不是所有食品都可以放入其中加热的。

比如油炸食品，千万不要放入微波炉，否则，高温油会发生飞溅，甚至导致火灾。如果不慎引起炉内起火，千万不要惊慌，不要试图打开炉门，应该首先关闭电源，等火熄灭稍冷却后再做处理。

有些朋友喜欢将肉类加热至半熟的时候放入微波炉烹饪，这样也很不好，因为半熟的食品中有大量细菌仍然在生长，放入微波炉后，由于时间很短，不可能杀死全部细菌。

用微波炉解冻肉类非常方便，但需要注意的是，经过微波解冻之后的肉类，不要再次放入冰箱冷冻。因为肉类在微波炉中解冻后，实际上已将外面的一层低温加热了，这时候细菌就开始滋生繁殖了，再放入冰箱后，并不能将活菌杀死。

最后，还要强调一点，微波炉加热食物切忌超时。另外，加热的食物如果一旦忘记取出，超过2个小时以上的就直接丢掉，以免引起食物中毒。

三、餐具安全养生指南

（一）小小抹布危害不容忽视

1. 小心"万能抹布"

2011年8月，齐鲁网、烟台新闻网等多家媒体纷纷爆料谴责某超市使用"万能抹布"，严重侵害消费者健康。据报道，记者观察这家超市的抹布，既清理过禽类柜面上的污渍，也清理过卖香肠柜面上的油渍，更清理过挂猪肉的挂车上面的血渍。看到如此恶心的抹布，你还敢吃那家超市的食品吗？

小小一块抹布，却是每个家庭、餐厅、旅馆、超市必备的工具，然而，你可知道，我们每日使用的抹布上，存在着多少细菌？医学专家实验发现，棉质抹布在使用一星期后，其生菌量可达22亿，而大型餐馆以及宾馆、招待所厨房所用的抹布生菌数量更高，可达220亿。

面对这个触目惊心的数字，我们不得不重视这块小小的抹布来，俗话说"病从口入"，保证抹布的清洁是饮食安全的重要前提。

2. 如何选择抹布

看到这个标题，很多朋友就笑了，不就一小块抹布，还用得着千挑百选的呀。您可别小看这抹布，以前家里的抹布大多是自己扯块纯棉布就行了，现在走进超市，还真有点无所适从。一般来说，大超市里的抹布区，常见的抹布有纯棉的、无纺布的、塑料的、钢丝的，还有一次性的。这都是比较常见的，现在又有些高级进口抹布，号称含有多层滤油网的，要卖几十块钱。

所以，如何选择合适的抹布，还真是一门学问！

其实，不同的抹布有不同的特点，各有利弊，您可以根据自己的喜好选择。

钢丝抹布，最大的优点就是去污能力强，再脏的餐具也经不起钢丝洗刷。但缺点也很明显，首先，钢丝容易划伤皮肤，也容易破坏陶瓷餐具表面的釉质。其次，多数钢丝抹布是用工业废钢制成，不太卫生，大家买回来之后，最好在沸水中好好煮煮，去掉钢丝表面的工业油脂。

相比于钢丝抹布，海绵抹布吸水性好，柔软耐用，最受人们欢迎。但问题是，海绵抹布总是湿漉漉的，而且它的透气孔中容易藏匿细菌，大家最好定期将其煮一煮消毒，或者放在微波炉里进行灭菌杀毒。

除了以上两种传统的抹布外，近年来，无纺布的兴起，也带来了抹

小心万能抹布

市场上购买的超细纤维抹布，面料：涤纶80%，锦纶20%

布的更新，无纺布质地柔软，可以很好地保护陶瓷餐具，也不像海绵那样老湿漉漉的。但是，无纺布不太结实，很容易撕破，需要定期更换。

现在大家提倡环保，很多人又开始用丝瓜瓤当抹布了，其实丝瓜瓤自古以来就被用来做抹布，其独特的纤维结构特别有助于去除油污和水碱，它又是纯天然的植物，不会留下什么化学残留物，堪称纯天然无污染的最佳抹布。

3. 日常抹布如何清洁

选对了抹布，还要注意经常清洗，定时消毒，不然的话，抹布上的各种细菌会不断滋生，并会随着食物进入口中，引起疾病。

抹布的清洁要彻底，一般来说，每星期可用加少许碱的沸水煮一煮，时间一般不少于5分钟。清洗完之后可以放在太阳下暴晒杀菌。家里有微波炉的朋友也可以将其放入微波炉中进行加热消毒，非常快捷方便。

（二）使用碗筷要卫生

现在大家走进稍上档次的餐厅，都会花一块钱使用"消毒碗筷"，但这份钱花得值不值？近日很多媒体曝光，所谓的"消毒碗筷"并不卫生。很多餐馆为了节省成本，并未严格按照正确的流程，使用固定的水池清洗碗筷和高温消毒，而是直接在装碗筷的塑料条箱中浸泡清洗，或水盆水桶中清洗。

外面的餐具不卫生，那家里的呢？你是否懂得碗筷的清洗和消毒呢？

在家里清洗餐具，我们不可能按照国家规定的流程走，一般来说，在清洗的时候，大家可以使用洗洁精等先清洗掉残渣和油渍，然后用清水冲洗，最后再对其进行消毒。

常用的消毒方法

（一）煮沸消毒。将碗、筷、抹布等餐具放在锅里煮沸3—5分钟或半小时左右，捞出晾干，不要用未煮过的抹布擦拭，以防污染，然后置于洁净的橱柜中。

（二）蒸汽消毒。把餐具放到锅里，将水烧开，隔水蒸5分钟，就可达到消毒目的。

（三）漂白粉消毒。2500克水加漂白粉1克，就成漂白粉溶液，将餐具浸泡在该溶液中5分钟即可。

传统的人工洗碗消毒比较麻烦，现代兴起的洗碗机则很大程度上解决了这个问题。据统计，在国外，家用洗碗机的普及率已达30%—40%，美、法、德等国则高达60%—70%，东南亚国家也在以每年20%的增幅发展。目前我国的家用洗碗机也越来越受青睐，尤其是一些工作繁忙的年轻人，有了一台洗碗机，可以很大程度上节省做家务的时间。

很多人觉得只有懒人才使用洗碗机，其实不然，洗碗机还有很多人工洗碗所没有的优点，比如，洗碗机不再用抹布擦拭，而改用烘干，少了一道细菌传染的途径，而且洗碗机有自动的消毒环节，不用人工专门再去消毒，一次完成。除此之外，因为利用了水的循环对流性能，洗碗机比人工手洗更加节水，部分洗碗机还有软化水的功能，可减少机内水垢形成，使餐具更光亮、洁净。

但是，目前市面上的洗碗机价格还是比较昂贵，一般家庭很少选购，而且洗碗机的设定程序是一个整体过程，即使只有很少几件餐具，也要走完全过程。污渍少的普通餐具通常费时15分钟左右。加上烘干、消毒等过程，则要超过 1 个小时。试想一下，一个三口之家，假设一顿饭只有七八个碗，人工手洗可能要不了十分钟，而洗碗机就要 1 个小时，反而效率低了。洗碗机要想走进寻常百姓家，还需要进一步完善程序和降低价格。

（三）传染病防治法

据农业部统计，2005年以来，我国共发生35起高致病性禽流感疫情。禽流感和疯牛病、口蹄疫一样，都属于常见的人畜共患传染病种类。除此之外，肝炎、流感、各种食物中毒都属于危害我们身体健康的常见传染病，预防传染病关键点是控制传染源，切断传播途径和保护易感人群。明白了这一点，我们就要从生活细节中切实重视，关爱健康。

1. 养成良好习惯

很多人得传染病，都是由于没有自觉遵守良好的卫生习惯。养成良好的生活习惯，应当做到：

（1）饭前、便后、外出归来、点完钱后等等，必须洗手。

（2）不要随地吐痰；打喷嚏掩住口鼻。

（3）常开窗通风，不随手丢垃圾。

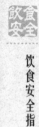
2. 注意饮食卫生

俗话说病从口入，很多种消化道传染病的传播，如菌痢、伤寒、肝炎都和我们的饮食息息相关。人得传染病，都是由于嘴上不注意。

（1）不要喝生水。

（2）做饭时生熟刀、案、容器分开。

（3）冰箱不是保险箱，存放食物时间莫过长。

（4）别去无照商贩处购买食品。

（5）生吃水果、蔬菜要认真清洗。

（6）坚决不吃腐烂变质的食物。

3. 警惕周围环境

预防传染病可不能单靠独善其身，当你身边的人得了传染病的时候，你如果不知情或者没有加以防备，也可能被传染。应当注意：

（1）照顾病人要采取防护措施，比如勤洗手、戴口罩、开窗通风、分室居住、碗筷分开用等。

（2）小病尽量去社区医院就诊，别去人多拥挤的大医院，那里感染的机会更高。如果一定要去，请先做好防护措施。

（3）在传染病多发期间，不要频繁出入公共场所，尤其是老人、幼儿以及孕妇等抵抗力比较弱的群体。

（4）平时要定期对居住环境进行彻底大扫除，因为蚊、蝇、蟑螂、老鼠等病媒生物能够携带和传播多种疾病，如果居住的环境脏、乱、差、潮湿，适合"四害"的生长繁殖，就会给传染病的传播提供机会。

（5）饲养宠物要注意自我保护，一般来说不要让宠物与人共居，接触完宠物后要洗手。

（四）季节性传染病防治

很多传染病具有季节性，也就是说在特定的季节内，此类疾病爆发强度大，流行扩散的速度很快，所以，大家要提前预防，未雨绸缪，自觉抵制传染病。下面，就为大家介绍一些常见多发的季节性传染病的特点以及防治方法：

1. 慢性支气管炎（冬、春季易发）

慢性支气管炎是由于感染或非感染因素引起气管、支气管黏膜及其周围组织的慢性非特异性炎症。明显的症状就是持续咳嗽、咳痰或气喘。这种病在冬春容易发作，早期症状轻微，多在冬季发作，春暖后缓解；晚期炎症加重，症状长年存在，不分季节。

如何预防？首先要注意保暖，不要受寒，否则会导致脾胃失调，寒气会使气管痉挛，加剧咳嗽。饮食上一定要忌食辛辣，否则会导致气管进一步水肿，油腻和生冷等刺激性食物也要避免食用。目前很多城市的空气污染很严重，大家出门的时候要戴上口罩，少去人多的场合，减少主动和被动吸烟。

2. 肺心病（冬季易发）

肺心病，是指由肺部胸廓或肺动脉的慢性病变引起的肺循环阻力增高，致肺动脉高压和右心室肥大，伴或不伴有右心衰竭的一类心脏病。它也是我国常见的多发病。

要根治疾病就要找准病灶。肺心病绝大多数是由慢性支气管炎、支气管哮喘并发肺气肿引起的，所以，要避免肺心病，首先要从根本上抵制支气管炎。冬天气候比较寒冷干燥，加上城市里的大气污染严重，经

常会出现阴霾大雾天气，这时候大家要注意减少有害气体对呼吸道的刺激。要多锻炼，增强呼吸系统对寒冷的适应力，感冒是诱发支气管炎的凶媒，大家一定要适时加衣，预防感冒。平时可以多吃一些滋阴润肺的食物，比如萝卜、梨等，老年朋友可以将其做成炖汤喝，有利于养肺清痰。

3. 流行性感冒（冬、春季易流行）

流行性感冒是流感病毒引起的急性呼吸道感染，也是一种传染性强、传播速度快的疾病。其主要通过空气中的飞沫、人与人之间的接触或与被污染物品的接触传播。典型的临床症状是：急起高热、全身疼痛、显著乏力和轻度呼吸道症状。

很多人觉得感冒是小病一桩，根本不值一提，但是流感不同于普通的风寒感冒，它所引起的并发症和死亡现象非常严重。

预防流感，首先要保持开窗通风，少去人多的公共场合，切断传播途径。其次要从自身做起，多喝开水，多吃清淡食物，多吃蔬菜，尤其是富含维生素C的番茄、小白菜、油菜、青椒等深色蔬菜及柑橘、苹果等水果以及富含维生素E的卷心菜、花菜、芝麻等，以提高抗病毒能力，并且要多锻炼。如果体质比较弱的朋友，可以去医院注射流感疫苗。